BEST COFFEE AT HOME

JAMES HOFFMANN

베스트 커피 앳홈

제임스 호프만

How to Make the Best Coffee At Home by James Hoffmann

First published in Great Britain in 2022 by Mitchell Beazley, an imprint of Octopus Publishing Group Ltd, Carmelite House, 50 Victoria Embankment, London, EC4Y 0DZ www.octopusbooks.co.uk

An Hachette UK Company
www.hachette.co.uk

베스트 커피 앳 홈
제임스 호프만

발행인 이상영
편집장 서상민
편집 이상영
디자인 서상민, 장소희
마케팅 이인주
교정·교열 신희정
인쇄 피앤엠123
펴낸곳 디자인이음
2009년 2월 4일:제300-2009-10호
서울시 종로구 효자동 62
02-723-2556
designeum@naver.com
instagram.com/design_eum

2023년 12월 1일 1판 1쇄 발행

값 22,000원
ISBN 979-11-92066-30-1 03590

CONTENTS

INTRODUCTION

한 잔의 커피는 많은 일을 한다. 카페인 성분이 잠을 쫓기도, 우리가 일을 할 수 있도록 연료가 되기도, 사회생활의 윤활유 역할도 한다. 또 누군가에게는 필수품이, 다른 누군가에게는 사치품이 되기도 한다. 커피는 놀라움과 기쁨을 주는 맛있는 음료일 수도, 우리에게 세계 여행을 시켜줄 수도, 아주 재미있는 이야기 소재일 수도 있다.

전 세계 수십 개국에서 생산되는 커피는 모든 나라에서 소비되면서 다양한 문화에서 다양한 방식으로 포장되어 왔다. 작은 열대 관목에 열린 열매의 씨를 로스팅하고, 분쇄해, 우려서 마시는 것은 정말이지 인간적인 행위다.

커피, 특히 지난 10~20년 동안 추세를 이끈 스페셜티 커피는 약간 진지하고, 너무 신중하며, 때때로 가식적인 것, 즐기려면 공부해야 하는 것이라는 평가를 받았다. 훌륭한 커피에 대해 복잡하고 사소한 내용이 가득한 이 책을 쓰면서 내가 꼭 강조하고 싶었던 점이 있다. 바로 커피 만들기의 목표가 재미있는 것, 즉 무엇보다도 즐거움을 주는 것임을 우리 모두 기억해야 한다는 점이다.

나는 맛있는 커피를 만드는 데 도움이 되었던 내용들을 여러분과 공유하는 동시에 커피 만들기가 놀랍고, 즐겁고, 흥미로운 일이라는 것도 강조하고 싶다. 그렇다고 커피가 언제나 그래야 할 필요는 없고, 아침에는 그저 뇌를 깨우는 고상하고 기꺼운 음료면 된다. 어떤 아침에는 정말 그런 커피가 간절하니까 말이다.

1

CHEMEX
JAMES HOFFMANN
JAMES HOFFMANN
keep cup
keep cup
keep cup
SAN JOSE
FIVE ELEPHANT.
FIVE ELEPHANT.
KARATU AB
The naughty dog
EL SALVADOR
BUENOS AIRES

HOW TO BUY GREAT COFFEE

좋은 원두 구매하는 방법

이 책에서는 원재료인 원두가 훌륭해야 커피 맛이 좋다는 이야기가 여러 번 나온다. 온갖 기술과 장비를 동원해도 커피 원두 자체의 한계를 넘어서지는 못하기 때문이다. 그러나 무엇이 '좋은 커피'인지에 대한 객관적인 판단 기준은 없다. 스페셜티 커피에 대한 정의는 있지만, 그렇다고 사람들이 똑같은 종류의 커피를 좋아해야 하는 것은 아니다. 일단 커피를 알게 되면, 우리는 커피의 다양한 향미에서 기쁨을 느낀다.

스페셜티 커피는 등장 초기부터 장벽에 부딪혔다. 스페셜티 커피를 광고하면서 '더 좋은' 커피를 마셔야 한다는 메시지를 던졌기 때문이다. 당연히 사람들은 지금까지 구입해 즐기며 마시던 커피가 좋지 않은 커피라는 암시를 주는 이 광고를 좋아하지 않았다.

하지만 지금 나는 몇 가지 주의점이 있기는 해도 비슷한 주장을 하려고 한다. 지금 당신이 즐겨 마시는 커피가 어떤 종류든 좀 더 알아본다면 훨씬 더 좋게 즐길 방법이 있다. 이 과정에서 놀라울 정도로 큰 보람을 얻을 수 있으며 솔직히 아주 재미있을 것이다. 제1장에서는 위험 부담 없이 커피를 찾아볼 수 있도록 커피 구매 과정을 하나하나 살펴보려고 한다. 사람들이 평소와 다른 커피를 골랐다가 실패하는 경우가 종종 있는데 이런 불쾌한 일을 피할 수 있다. 그뿐만 아니라 커피 구매 경험담을 둘러싼 사회적 통념과 오해들도 없앨 수 있을 것이다.

Freshness 신선도

가장 성공한 커피 마케팅 아이디어는 '커피는 신선할수록 더 좋다'였다.

요즘에는 '방금 분쇄한 커피' 또는 '갓 내린 커피'가 어디에서나 보인다. 실제로 많은 사람의 생각이 바뀌어 커피를 저장 식품이 아닌 신선 식품으로 보는데 이는 좋은 뉴스다. 사실 다른 신선 식품에 비해 커피는 품질이 저하되는 속도가 비교적 느리다. 그리고 1~2년 지난 커피를 마셔도 별 탈이 없어 저장 식품이라고 주장할 수도 있을 것이다. 그러나 커피에 쓰는 돈을 정말 가치 있게 쓰고 싶다면, 커피는 신선할 때 마시는 것이 가장 좋다. 커피의 사용기한이 얼마나 되는지를 이야기하기 전에 커피에서 묵은내가 나게 되는 과정에 대해 간단하게 알아보자.

휘발성으로 인한 손실: 커피는 휘발성이 있는 방향족화합물이다. 바로 이 휘발성 때문에 사람들은 후각망울을 통해 커피의 향이나 향미를 맡으면서 평가하고 즐긴다. 커피가 오래되면, 원두 또는 분쇄 알갱이의 향미가 말 그대로 공기 중으로 상당히 많이 빠져나간다. 포장을 잘하면 어느 정도 속도를 늦출 수 있지만, 어쨌든 시간이 지남에 따라 뉘앙스와 향미, 즐거움이 사라질 것이다.

새로운/나쁜 향미의 발현: 우리가 맛보고 즐기는 커피의 화합물은 안타깝게도 비활성이 아니기 때문에, 시간이 흐르면서 서로 반응해 새로운 화합물을 형성하기 시작한다. 항상 그런 것은 아니지만 이런 커피는 처음보다 맛이 떨어진다.

산패 - 커피에는 지방 형태의 지질이 들어 있어 산패되기 쉽다. 산패의 원인은 산화를 유발하는 산소일 수도 있고, 지방을 분해하는 습기일 수도 있다. 어느 쪽이든 이 때문에 불쾌하고 좋지 않은 향미가 난다. 로스팅을 오래 할수록 기름이 원두의 표면으로 더 많이 몰린다. 이는 기름이 공기나 습기와 상호작용할 가능성이 더 크다는 뜻이므로 이런 원두는 산패한 향미가 더 빨리 발현된다.
좋지 않은 향미와 큰 상관관계는 없지만, 가스 배출 과정도 함께 살펴보자. 이 과정을 이해하면 신선도를 계속 검토하는 데 도움이 될 것이다.

가스 배출 - 원두를 로스팅하는 동안 많은 화학 반응이 일어나면서 커피는 갈색이 되고 사람들이 좋아하는 향미가 생성된다. 이 과정에서 부산물로 이산화탄소가 발생하는데, 그 양이 상당해서 커피 1킬로그램을 로스팅하는

동안 발생하는 이산화탄소는 약 10리터나 된다. 대부분은 로스팅을 하는 동안 날아가며, 로스팅을 마칠 때 원두에 남아 있는 것도 몇 시간만 지나면 많이 날아간다. 로스팅을 시작할 때와 비교하면 포장할 무렵의 원두에는 이산화탄소가 상대적으로 거의 남아 있지 않다. 하지만 그래도 남아 있는 이산화탄소의 양은 커피를 브루잉하는 방식에 큰 영향을 줄 정도로 중요하다.

이런 이유로 커피는 '아주 신선'할 수 있다. 특히 에스프레소 머신을 사용할 때 그렇다. 커피를 브루잉할 때, 분쇄된 원두와 물이 접촉하면서 갇혀 있던 많은 이산화탄소가 유리되기 때문이다. 나중에 '맛있는 커피를 브루잉하는 법'(87~129쪽)에서 나오는 내용인데, 커피를 본격적으로 브루잉하기 전에 분쇄 커피에서 이산화탄소를 추출하기 위해 커피에 소량의 물을 넣는 것을 '블루밍(부풀리기)'이라고 한다. 분쇄된 커피에서 이산화탄소가 많이 나오면, 물로 커피를 추출하는 것이 더 힘들다. 이 책에서도 여러 번 이야기하지만, 커피가 묵은 것일수록 브루잉해 추출하기는 더 쉬워지는 반면 맛은 더 나빠진다. 정말이지 짜증 나는 사실이다.

커피 시장에서 전자상거래가 늘어나면서, 커피 회사가 주문 받은 다음 커피를 로스팅해서 발송하는 선주문 방식으로 바뀌었다. 이런 방식과 전자상거래 증가로 예상 배송 시간이 줄어든 덕분에 고객은 온라인에서 구입한 커피 대부분을 아주 신선한 상태로 받을 수 있게 되었다. 최고의 커피를 맛보기 위해서는 기다릴 줄 알아야 한다. 흔히 커피를 '레스팅(휴지)'시킨다고 하는 단계다. 그렇다면 얼마나 기다려야 하는가? 묵은내가 나기 시작하기 전까지 커피가 맛있는 기간은 얼마나 될까?

커피콩과 신선도

커피콩을 가공하지 않은 채로 보관하면 보존 기한이 길게 늘어난다. 여기에 엄격한 규칙이 있는 것은 아니지만, 보관 조건 특히 온도가 큰 역할을 할 수 있다는 점을 기억하라. 주변 온도가 높을수록 묵은내가 더 빨리 나는데, 열에서 많은 에너지를 받아 그 과정이 촉진되기 때문이다.
에스프레소로 추출할 경우, 로스팅 후 최소 7~8일을 기다렸다가 브루잉하는 것이 좋다.
일단 개봉된 커피의 경우, 제대로 보관하면 두 주 동안은 훌륭한 커피를 마실 수 있다. 그 후에는 그 좋았던 커피 맛이 확실히 떨어지는 것을 알아챌 수 있을 것이다. 그리고 그 두 주 동안 크레마가 꾸준히 줄어드는 것도 눈으로 확인할 수 있다. 이는 크레마가 그저 갇힌 이산화탄소일 뿐이기 때문이다(크레마에 대한 자세한 내용은 154쪽 참조). 하지만 크레마가 적어진다고 해서 커피의 맛이 나빠진다는 뜻은 아니다.
드립커피를 추출할 경우에는 로스팅 후 4~5일 지나면 맛있는 커피를 만들 수 있다. 에스프레소에 비해 드립커피는 로스팅 후 2~3일만 지나도 신선도의 영향을 덜 받는다. 일단 개봉된 후에는 에스프레소와 마찬가지로 두 주 동안 훌륭한 커피 맛을 볼 수 있고 그 후로 맛이 계속 떨어진다.

가장 이상적인 신선도 - 분쇄 커피

일단 분쇄된 커피는 신선도가 떨어지는 반응의 속도가 아주 빨라지기 시작한다. 비교 테스트에서, 많은 사람이 방금 분쇄한 커피와 분쇄 후 12시간 지난 커피의 차이를 분명히 알았고, 사람들 대부분이 방금 분쇄한 커피와 분쇄 후 24시간 지난 커피를 구분했다. 사람들이 그 차이를 얼마나 신경 쓰는지는 잘 모르겠지만, 분명 신경을 쓰기는 한다. 분쇄 후 48시간 정도 지나면, 거의 모든 사람이 커피가 맛없어졌다고 생각할 것이다.
내가 커피는 마시기 직전에 분쇄하는 것이 좋다고 주장하는 이유는 다음과 같다.

- 커피를 갈면 근사한 냄새가 나기 때문에, 분쇄할 때마다 아침 또는 하루가 더욱 즐거워진다.
- 분쇄 커피보다는 원두를 구입하는 것이 더 가치 있다. 가격이 같더라도 분쇄 커피는 상대적으로 맛이 떨어지므로 그 가치가 더 떨어진다.
- 커피를 직접 분쇄하면 커피를 최대한 활용할 수 있다. 원두 품종과 커피 머신, 개인 취향에 따라 분쇄 입자 크기를 조절할 수 있기 때문이다.

원두를 직접 분쇄할 경우, 그냥 분쇄 커피를 구입할 때에 비해 약간 귀찮고 그라인더 구입비도 계산해야 하는 등 몇 가지 단점이 있다는 점을 인정한다. 하지만 커피 그라인더를 주방에 갖추는 것은 굉장히 가치 있는 투자라고 생각한다. 커피 그라인더에 대해서는 뒤에서 더 자세히 알아보기로 한다. (54~60쪽 참조)

Storing Coffee 커피 보관

매일 마실 커피는 어둡고, 건조하고, 통풍이 잘되는 곳에 보관하는 것이 가장 좋다.

요즘에는 봉지에 다시 밀봉할 수 있는 끈이 달린 것들이 많다. 그런 봉지들은 내가 테스트했던 보관 용기 못지않게 좋다. 시장에는 다양한 커피통이 출시되어 있는데, 내가 보기에는 진공 보관 용기가 조금 더 나은 것 같다. 하지만 무엇이든 밀폐가 잘 되고 모양과 가격이 마음에 드는 것으로 고르면 된다.

나는 커피를 냉장고에 넣지 않는다.

이론적으로는 냉장고가 수납장보다 더 낫다. 더 시원하므로 밀폐된 상태로 보관하기만 한다면 그 이론이 맞을 것이다. 하지만 커피를 냉장고에 넣었다 꺼내면 차가운 커피에 응결이 생겨서 신선도가 빨리 떨어질 수 있다. 또한 봉지가 열려 있다면, 냉장고 안에 있는 향이 강한 식품의 냄새가 커피에 쉽게 밸 수 있다.

냉동실은 커피를 장기간 보관하기에 아주 좋은 장소다. 밀폐가 잘되어 있고 가능한 한 공기가 적게 들어가 있는 커피는 냉동실에서 수개월 있을 수 있다. 냉동실에 커피를 여러 번 넣고 꺼내는 것은 응결 때문에 좋지 않지만 1회 분량씩 소분해 냉동실에 보관하고 그날 필요한 양만 꺼내는 것을 선호하는 사람들이 있다. 이것도 좋은 방법이긴 하지만, 새로 커피를 개봉해 보관할 때 상당한 수고와 포장 준비가 필요하다.

Where You Buy Coffee 커피 구매 장소

어디에서 커피를 구매하느냐가 신선도와 숙성에 큰 영향을 준다.

사람들이 커피를 주로 구매하는 장소 세 곳과 각각의 장소가 커피에 미치는 영향을 살펴보려고 한다.

슈퍼마켓/식품점

대부분의 사람은 오래전부터 슈퍼마켓에서 커피를 구매했다. 이런 동향이 변화하기 시작한 것은 불과 십 년밖에 안 되었다. 슈퍼마켓에서는 커피를 저장 식품처럼 취급한다. 커피에는 '소비기한(use by)'이 없고 '품질유지기한(best before)'이 있다. 가장 좋은 맛은 아니지만 몇 년 후에 마셔도 위험하지 않기 때문이다.

대기업들이 제품에 로스팅 날짜를 표기하지 않는 것은 슈퍼마켓의 의사가 반영된 것이다. 슈퍼마켓의 공급망 때문에 커피가 점포의 선반에 진열되기까지 몇 주 또는 몇 달이 걸릴 수 있다. 만약에 선반의 뒤쪽에 놓인다면 앞으로 나오기까지 또 시간이 걸린다.

품질유지기한이 7개월 남은 봉지를 집으면, 제조일이 5개월이나 된 봉지를 집었을 때보다 운이 좋은 것 같은 기분이 든다. 게다가 커피에는 품질유지기한에 대한 기준이 없기 때문에 기업들은 기한을 로스팅 날짜로부터 12개월, 18개월, 심지어 24개월까지 두기도 한다. 슈퍼마켓과 제휴를 시작한 규모가 작고 품질에 중점을 두는 회사들은 요청에 따라 대개 '소비기한'을 표기하지만, 동시에 '로스팅 날짜'도 눈에 덜 띄게 넣는다. 대부분의 슈퍼마켓에서는 신선한 커피를 구매하기가 정말로 힘들다. 일부 점포와 소매점에서는 좀 더 나을 수도 있지만, 그것은 그때 운이 아주 좋아서일 뿐이다.

동네 커피전문점

동네 커피전문점은 커피 구매 장소로 아주 좋은 곳이다. 내가 이렇게 생각하는 것은 동네 소상공인들을 후원하는 것이 옳다고 믿기 때문만은 아니다. 커피전문점은 커피를 정기적으로 구매한다. 이 커피는 대체로 휴지가 아주 잘된 상태다. 아마 로스팅 후 일주일 정도 되었을 때 선반에 진열될 것이다. 그래서 지금 당장 커피를 브루잉해야 한다면 커피전문점에 가는 것이 가장 좋다. 그곳에서 다른 사람과 커피에 대해 이야기를 나누고 서로의 취향을 이야기할 기회를 얻을 수 있다는 것은 보너스다. 슈퍼마켓에서 혼자 고르는 것보다 그런 대화를 통해 마음에 드는 커피를 알아낼 가능성이 더 크기 때문이다(로스팅 라벨에 대해서는 22쪽에서 더 자세히 다루겠다). 마지막으로 또 하나의 이점은 구매하기 전에 테이스팅해 볼 수 있다는 것이다. 테이스팅할 기회가 있으면 구매한 커피가 마음에 들지 않을 위험성을 줄이면서 동시에 집에서 커피를 브루잉할 때 어떤 맛이 나야 하는지 어느 정도 기준을 잡을 수 있다.

온라인

요즘은 좋은 커피를 온라인에서 구입하는 것이 그 어느 때보다도 수월하다. 전 세계적으로 커피 로스팅 회사들이 폭발적으로 증가했기 때문인데 소비자들에게는 확실히 좋은 현상이다. 나도 종종 온라인에서 구매해 보는데 상대적으로 저렴하고 배송이 빨라서 아주 좋다. 이 점에 끌리기는 하지만, 다른 사람들과의 상호작용이 제한적이어서 커피를 추천받기가 어렵다.
대부분의 커피 로스팅 회사들은 로스팅과 배송에 대한 방침을 명시한다. 작은 회사들은 주문받은 양이 적어 로스팅을 매일 할 수 없으므로, 주문을 받아도 다음 로스팅을 할 때까지 보류하거나 하루나 이틀 지난 커피를 보낼 수 있다. 앞에서도 말했듯이, 꼭 아주 신선한 커피로 브루잉해야 가장 좋은 것은 아니지만, 온라인 구매 업체는 예측 가능한 커피 공급일을 제시해야 한다. 그래야 구매자가 커피가 떨어지기 일주일 전에는 받을 수 있도록 주문 일자를 맞출 수 있기 때문이다.
대부분의 커피 로스팅 회사들은 매주나 2주마다 또는 매월 자동으로 커피를 보내 주는 자동 구매 서비스를 제공한다. 이런 서비스에는 '주문을 잊어도 매주 좋아하는 커피 보내 주기'부터 '매번 새롭고 다른 커피 보내 주기'까지 다양한 구매 옵션이 있다.

PRICE 가격

가격은 품질을 알려 주는 가장 손쉽고 분명한 지표여야 한다. 비쌀수록 품질이 좋아야 한다는 말이다. 물론 '좋다'에 대한 선호도와 정의가 여러 다른 분야에서는 불가능하지만 그래도 커피를 구매할 때는 가격에 대해 이야기할 필요가 있다.

이제는 집마다 커피가 있는 것이 전혀 이상하지 않게 되었지만 잠시 생각해 보면 이건 정말 깜짝 놀랄 일이다. 여러분 집에 있는 커피 열매는 열대 식물로 수천 킬로미터나 떨어진 곳에서 자랐으며, 아주 작은 비용으로 수확과 가공, 분류, 수출, 로스팅, 포장을 거쳐 여러분의 집으로 배송되었다. 이 때문에 사람들은 일찍이 커피는 저렴해야 한다고 생각하게 되었고, 안타깝지만 일부 커피는 앞으로도 계속 저렴할 것이다. 그러나 값싼 커피는 바로 사람이 희생한 대가다. 값싼 커피를 위해 누군가는 끼니를 걱정하거나 헤어날 수 없는 빚을 진 채 살아가느라 고군분투해야 한다. 지금은 물론이고 앞으로도 값싼 커피를 살 수 있다고 좋아할 일이 아니라는 얘기다.

커피의 가치가 과소평가되고 있다는 내 주장이 그리 놀랍지는 않을 것이다. 커피는 다양한 맛을 지닌 매력적인 음료일 뿐 아니라 우리의 정신에도 자극을 준다. 그래서 나는 할 수 있으면 커피에 투자하라고 권한다.

아침에 내리는 커피에 조금 더 지출하고 커피 가격을 계속 낮추는 다국적 대기업 브랜드를 피한다면 모든 관계자에게 더 좋은 방향으로 나아갈 수 있다. 물론 최고급 스페셜티 커피에 추가로 돈을 더 쓴다고 해서 커피 산업의 불공정이 해결되지는 않으며 그 돈이 재배자 개인에게 돌아가지도 않는다. 그래도 유지 가능한 가격으로 커피를 구매하는 것은 가치 있는 일이다. 정확한 가격대를 제시할 수는 없지만, 스페셜티 로스팅 회사들의 기본 가격을 염두에 두면 좋을 것이다.

물론 빈곤과 식량 불안이 커피 생산국에서만 일어나는 일은 아니며 소비국에서도 흔하다는 것을 안다. 더 비싸게 구입하라는 내 조언이 가장 좋은 조언이라고 생각하지도 않는다. 그러나 커피 가격을 계속 저렴하게 유지하는 관행이 전 세계에서 커피를 생산하는 수백만 가정에 미치는 영향을 보면서 마냥 옹호할 수도 없는 노릇이다.

Roast Level 로스팅 단계

최근 20년 동안 스페셜티 커피가 늘어나면서 커피의 로스팅 단계를 이야기하는 커피 회사들은 유행에 몹시 뒤떨어진 것처럼 보인다. 커피의 라벨에는 많은 정보가 들어갈 수 있지만, 그중에 로스팅 단계를 적어 놓는 경우는 거의 없다.

여기에는 아마 몇 가지 이유가 있을 것이다. 우선, 다수의 소규모 스페셜티 커피 회사들은 그들이 특정 커피에 맞는 이상적인 로스팅 프로파일을 이미 찾았다고 생각한다. 그렇기에 다른 로스팅 레벨은 적절하지 않다고 여긴다. 두 번째로 현재 스페셜티는 스타벅스 같은 회사들의 다크 로스팅에 대항하기 위해 로스팅 범위를 라이트부터 미디엄까지로 잡는 것이 추세이기 때문이다. 마지막 이유는 아마 아주 실망스럽겠지만, 라이트, 미디엄, 다크 로스팅에 대한 진정한 기준이 없다는 것이다. 하지만 나는 지금도 커피 구매자가 커피를 구매할 때 로스팅 정보를 많이 본다고 생각한다. 당신이 스페셜티 커피를 구매하려 한다면 다른 표시가 분명히 없는 한 로스팅은 라이트에서 미디엄까지 있다고 보면 된다.

역사적으로 라벨에 표시된 커피의 로스팅은 강도 등급을 사용해 분류하는 것이 관행이었다. 그런데 오늘날 커피 산업계에서는 이런 관행이 혼란을 주고 있다고 주장한다. 강도는 주로 커피를 브루잉하는 방식과 물과 커피의 비율에서 정해지기 때문이다. 그러나 다크 로스팅 커피는 라이트 로스팅 커피보다 물에 녹기 쉽기 때문에, 역설적이지만 굳이 따지자면 강도 라벨이 비교적 정확한 편이다.

이런 강도 라벨이 실제로 알려 주는 것은 특정 커피에서 경험했을 수 있는 쓴맛의 강도다. 하지만 5점 척도든 10점 척도든, 범위는 중간에서 시작해 위로 올라간다. 자신이 구매한 커피가 가장 낮은 등급이기를 원하는 사람은 없기 때문이다.

로스팅이 향미에 미치는 영향

커피 로스팅 방식은 향미에 아주 큰 영향을 준다. 로스팅을 길게 할수록 일반적으로 로스팅 향미로 표현되는 향미가 더 많이 발생한다. 이런 향미는 빵이나 초콜릿처럼 갈색으로 굽는 대부분의 제품에서 발생하는데 나중에 거슬리는 탄 맛이 더 나는 향미로 바뀐다. 이런 변화는 쓴맛이 커지는 것과 관련이 있어서, 설탕이 더 써지고 짙어지면 우리는 캐러멜로 인지한다. 커피의 경우 로스팅을 하면 쓴맛은 커지면서 산미는 줄어드는 것이 일반적이다.

커피의 산미는 사람들 사이에서 의견이 갈리는 복잡한 주제다. 대개 산미는 커피의 밀도와 상관관계가 있는데, 이는 커피 재배 방식과 연관이 있다. 고도가 높은 곳에서 재배된 커피는 성장 속도가 느리고 밀도가 높다. 이런 커피는 복합적이고 달콤한 향이 있을 가능성이 더 크다. 하지만 반드시 그런 것은 아니므로, 너무 높은 곳에서 재배된 커피는 찾지 않는 것이 좋다. 흥미롭게도, 향미가 복합적인 커피는 산미가 강한 경향이 있기 때문이다.

로스팅 회사들의 도전적인 과제는 커피의 고유한 특징을 최대한 유지하면서 로스팅을 통해 기분 좋은 향미를 돋우고 산미의 균형을 맞추어 어디에서나 커피를 마시는 것이 즐거운 경험이 되게 하는 것이다. 커피의 향미에서 산미는 대비감과 촉촉함, 상쾌함, 짜릿함을 더해 주며 즐거움을 줄 수 있다. 하지만 로스팅을 잘못해서 산미가 강해지면 너무 시고 불쾌한 향을 낼 수도 있다.

그렇기에 커피를 로스팅하는 작업은 단순히 어렵다는 말로 표현할 수 있는 정도가 아니다. 단맛과 산미, 쓴맛의 균형점을 찾으려면 정확성과 많은 경험이 필요하다. 또 그 균형점에 대한 의견도 사람마다 다르기에 더더욱 어렵다. 그래서 로스팅은 사실상 식품제조업에 들어가기도 하고 철학적이거나 심미적인 영역에 들어가기도 한다. 로스팅 회사마다 훌륭한 커피 맛에 대한 준거가 있지만, 커피를 마시는 사람 중에는 종종 동의하지 않는 사람도 있다는 점을 잘 알고 있다.

이런 이유로 미디엄 로스팅의 정도에 대해 사실상 일치된 의견이 없다. 또 사람마다 로스팅 색깔 범위의 시작점이 다르다. 극단적인 예로, 스타벅스에서는 가장 연한 로스팅(블론드 로스팅)이 대부분의 스페셜티 커피 회사들에서는 아주 짙은 로스팅이다.

Traceability 이력 추적

나는 오래전부터 좋은 커피를 구매하는 가장 쉬운 방법으로 이력 추적을 이용했다. 어떤 커피가 특정 산지나 농장, 협동조합, 공장에서 나온 것이라면, 꽤 품질이 좋을 가능성이 높기 때문이다.

농장에서 수확한 커피 열매가 한 잔의 커피가 되기까지, 공급망에서 많은 커피를 단계마다 계속 분리하다 보면 비용이 늘어난다. 이 투자 비용은 그 커피가 프리미엄으로 판매될 수 있는 향미를 갖췄을 때, 즉 품질이 우수할 때만 가치가 있다. 이것은 완벽한 방법은 아니지만, 상당히 효과적인 방법이다.

사람들은 줄지어 진열된 갖가지 커피 봉지들을 보면서 제대로 이력이 추적되는 커피가 어느 것이고 그것이 포장에 표기되어 있는지 구별할 방법을 몰라서 어려워한다. 그렇다고 단일 재배지에서 나온 커피만 구매하라고 추천하기에는 복잡한 토지 소유권 문제가 있어서 어렵다. 이런 식으로 추천한다면 아마 많은 커피 생산국에 있는 훌륭한 생산업체와 커피가 추천 목록에서 배제될 것이다. 이들 업체의 커피 재배지가 농장이라고 할 정도로 넓지 않기 때문이다. 예를 들어 케냐에서는 수백, 수천의 농장에서 재배되어 지역 내 단일 세척장에서 가공된 커피 중에서 최고의 케냐산 커피를 구할 수 있다. 하지만 코스타리카에서는 같은 수준의 이력 추적으로 그 정도의 커피를 구할 수 없을 것이다. 내가 커피 생산에 대해 국가별로 자세히 분석한 《커피 아틀라스(아이비라인, 2015)》를 쓴 것도 이런 문제가 있어서였다. 하지만 그렇다 해도 나는 여전히 이력 추적이 품질 지표로 가장 유용한 방법이라고 생각한다.

Post-harvest Process 수확 후 가공

일반적인 스페셜티 커피 봉지에는 그 안에 든 커피에 대한 정보가 많이 적혀 있다. 그 정보의 범위와 세부적인 내용은 로스팅 회사에 따라 다양하지만, 내가 특히 중요하게 생각하고 고맙게 여기는 정보 하나는 수확 후 가공 방법이다.

커피 열매를 수확할 때는 되도록 완전히 익은 것을 따지만 사실 우리가 원하는 것은 열매가 아니라 그 안에 든 씨앗이다. 커피 열매에서 씨앗을 빼내는 방식은 커피의 향미에 큰 영향을 준다. 여기에서 그 공정을 자세히 다루려는 것이 아니다. 대신에 그 방법이 향미, 그중에서도 향미의 한 가지 특징인 발효에 미치는 영향을 중점적으로 이야기하고자 한다.

커피의 역사에서 발효된 향미는 좋지 않은 것으로 여겨졌기에 이를 최소한으로 줄이려는 공정이 만들어졌다. 워시드 가공(washed process)은 열매에서 씨앗을 빼내어 약하게 발효시킨 뒤 씨앗에 붙어 있는 과육을 분해하고 세척 후 건조하는 가공법이다. 이 방법은 과육의 당분 때문에 문제의 향미 발현이 심해지는 것을 방지하기 위해 당분을 가능한 한 빨리 제거함으로써 발효 또는 '이상한' 향미를 최소화하는 데 초점을 맞추었다.

워시드 또는 습식 가공의 문제는 물이 아주 많이 필요하다는 것이다. 물이 가장 적게 드는 가공은 자연 건조 방법이다. 이 방법은 수확한 커피 체리를 통째로 건조한 뒤 껍질을 벗기는 훌링을 해 열매 안에 있는 씨앗을 얻는다.

그런데 통 열매를 햇빛에 건조하면 통제되지 않은 화학작용이 일어날 수 있고, 이는 발효된 과일 향을 낸다. 이런 과일 향(블루베리나 망고, 파인애플, 기타 열대과일의 향)을 좋아하는 사람들도 있지만, 불쾌하게 생각하는 사람들도 있다. 이들은 그 향이 과일샐러드가 아닌 썩은 과일의 냄새 같다고 생각한다. 따라서 자신이 커피에서 나는 발효 향을 어떻게 느끼는지를 알아보면 커피를 구매할 때 큰 도움이 될 것이다.

이 단계에서 어떤 가공 방법이 도덕적으로 더 우월한지 정답이 정해져 있지는 않으므로 본인 취향에 따라 선택해도 괜찮다. 애초에 커피 산업 자체가 통일되어 있지 않다. 어떤 로스팅 회사는 가공 과정에서 나오는 향미에 테루아(와인과 마찬가지로 커피가 만들어지는 재배 환경과 재배 방식 등으로 인한 커피의 독특한 향미-역주)의 내재된 맛이 가려진다고 생각해서 자연 가공된 커피는 아예 구매하지 않고, 따라서 로스팅도 하지 않는다. 나는 로스팅 회사가 판매 제품의

가치를 인정하고 비전을 세우는 것이 중요하다고 생각한다. 따라서 난 양쪽을 모두 지지하며, 양쪽 모두 각각 애호가가 있다.

허니 가공(honey process)과 펄프드 내추럴 가공(pulped natural process) 같은 다른 가공법들은 커피에 과육이 더 많이 남아 있다. 이런 가공법들에는 다양한 방식이 사용되기 때문에, 이로 인해 커피 맛이 어떤 영향을 받는지 철저하게 설명하기는 어렵다. 게다가 워시드 가공 커피로 발효 실험을 하는 소규모 전문 로스팅 회사들의 수가 늘고 있다. 이런 가공법들은 일반적으로 라벨에 눈에 띄는 글자체로 분명하게 표기되기 때문에, 일반적인 워시드 가공 커피로 착각할 가능성은 거의 없다.

부르봉 Bourbon

카투아이 Catuai

코나 Kona

게샤 Gesha

Variety 품종

와인은 품종에 따라 맛이 다르다는 것을 알리는 데 큰 역할을 했다. 와인을 마시는 대부분의 사람은 샤르도네나 카베르네 소비뇽에 대해 각자의 의견이 있을 것이다.

커피도 흔히 품종별로 판매되지만, 나는 한 종류를 시도해 본 경험을 토대로 구매하고 또 그것을 찾는 것은 별로 추천하지 않는다. 커피 생산자는 커피 품종을 선정할 때 아주 실용적인 이유를 고려한다. 어떤 품종은 생산량이 더 많아서, 또 어떤 품종은 높이 자라지 않아서 손으로 쉽게 수확할 수 있어서 선정된다. 많은 생산자가 종자를 구하는 데 제약을 받기 때문에 한정된 품종 내에서 선택하고 있다.
비교적 드물기는 하나 일부 커피 품종은 테루아와 상관없이 독특한 향미를 갖고 있다. 나는 커피 한 잔을 마시고 그 커피가 부르봉(Bourbon)종인지 카투라(Catura)종인지를 알아내는 것이 아주 어려운 일이라고 생각한다.

로스팅 회사들은 대개 커피 봉지의 라벨에 커피 품종을 표시하지만, 이는 커피를 마시는 사람의 즐거움보다는 이력 추적을 입증하는 증거로서의 가치가 더 크다. 로스팅 회사들이 커피 품종에 대해 설명하는 경우는 거의 없다. 그러므로 소비자가 콜롬비아에서 우시우시(Wush Wush) 품종이 재배되는 경우는 아주 드물다거나, 인도네시아에서는 부르봉 커피를 재배하는 것이 이례적이라는 사실을 알려면 커피를 상당히 깊게 공부해야 한다.
종종 게이샤(Geisha)라고 불려서 당황스럽게 만드는 게샤(Gesha) 같은 품종은 꽃과 감귤의 향미가 오래 가서 진기할 뿐만 아니라 상당히 가치가 있다. 그러나 여러분이 접하는 커피 품종의 90퍼센트는 이런 설명을 붙이기 어려울 것이다.

What Flavour Notes Mean

포장지의 향미 프로파일 해석하기

커피 봉지에 기술된 단어들을 해석하면 그 제품이 앞에서 설명한 범주에서 어디에 해당하는지 몇 가지 단서를 얻을 수 있다. 물론 그 설명이 절대인 것은 아니다. 판매하는 모든 제품을 테이스팅해 본 누군가와 대화하면서 알게 되는 것만큼 좋을 수는 없겠지만, 어느 정도는 유용하다고 생각한다.

신선한 과일 향미: 커피 라벨에서 포도나 딸기 같은 베리류나 이과류(사과, 배 등), 감귤류가 보이면 산도가 비교적 높다고 생각하면 된다. 이런 커피는 보통 과일 향미와 함께 산미가 있으므로 신맛을 싫어하는 사람은 이런 향미가 대부분을 차지하거나 주된 프로파일로 표기되어 있다면 구입을 주저할 것이다. 대개 이런 커피는 라이트 또는 미디엄 바디(입안에서 느껴지는 느낌-역주)를 보인다.

열대과일 향미: 나는 여기에 딸기와 블루베리도 포함시키지만 보통은 망고와 리치, 파인애플 등의 열대과일 향을 가리킨다. 이는 커피에서 발효 향미가 난다는 표시이므로, 이런 향미를 즐기지 않는다면 피하는 것이 좋다. 이런 종류의 커피는 바디가 약간 묵직하다.

익힌 과일 향미: 잼이나 젤리, 파이(체리파이 등) 등처럼 익히거나 가공 처리된 과일 향이 난다고 표시한 커피는 세지는 않지만 약간의 산미가 있다. 이런 커피는 산미가 있는 커피보다 풀바디 커피에 좀 더 가깝다.

브라우닝 향미: 좀 더 뚜렷한 특징이 있으면 좋겠지만, 로스팅하는 동안 일어나는 브라우닝 반응에서 나오는 향미는 그 범주가 넓다. 커피 라벨에서 과일 향미 없이 초콜릿, 너트, 캐러멜, 토피 등의 프로파일이 보이면, 산미가 비교적 약하고 미디엄 또는 풀바디의 커피라고 생각해도 좋다.

쓴맛: 다크 로스팅 커피에서는 좀 더 강한 스모크 향미, 다크 초콜릿, 때로 당밀이라고 표시된 것을 볼 수도 있다. 이런 커피는 바디가 진하고 산미는 약하며, 첫맛과 중간 맛에서 쓴맛이 좀 더 강하게 난다.

앞선 설명을 보고 내가 너무 기본적이고 단순하게만 이야기한다고 비난하는 사람도 있을 수 있다. 그러나 커피 한 잔에서 얻을 수 있는 경험의 종류는 놀라울 정도로 다양하며 바로 그 점이 맛있는 커피를 마시는 즐거움이다. 나는 사람들이 그 경험을 놓치지 않기를 바라기 때문에 본인이 좋아하는 맛의 한계까지 시험해 보라고 권한다. 그런데도 앞선 안내 설명을 한 것은 여러분이 마시던 것도 버리고 다시는 시도하지 않을 만큼 끝까지 마시기 힘든 커피를 사지 않도록 돕기 위해서다.

마지막으로 지금 원두 시장은 과열 경쟁 상태여서 많은 로스팅 회사가 고객과 관계를 맺고 싶어 한다. 커피를 구매했는데 마음에 들지 않는다면, 업체에 알려주자. 거의 모든 업체가 고객이 제품에 실망한 이유를 알고 정말 좋아하는 제품을 판매할 기회를 얻기 바란다. 로스팅 회사는 고객이 좋아하는 커피를 내놓지 못할 수도 있지만, 고객의 의견을 듣고 싶어 한다는 것을 고객에게 알리고 싶어 한다.

2

THE ESSENTIALS FOR GREAT COFFEE

맛있는 커피를 만들 때 필요한 도구들

커피에 빠지게 되면, 커피 기구들을 구매해 모으고, 장비를 업그레이드하고 싶은 유혹을 뿌리치기 어렵다. 이런 마음은 취미 활동할 때 즐거운 부분일 수 있지만, 입문자에게는 진입 장벽이 될 수도 있다. 여기에서는 커피 추출기 외에 꼭 필요하다고 생각되는 필수 도구들을 다루려고 한다.

이런 설명을 하는 이유는 장비 제조업체들이 아주 저렴한 가격을 미끼로 파놓은 함정에 걸리지 않도록 돕기 위해서다. 이런 장비들은 대개 가격대를 맞추느라 성능이 좋지 않고 도움이 되기보다 걸림돌이 되기 때문에 꼭 피해야 한다. 이렇게 성능이 안 좋은 기계들을 갖추면 부작용이 생기고 이내 사용하지 않게 되어 쓰레기가 될 뿐이다. 처음부터 커피 장비에 제대로 투자해 보다 즐겁게 커피를 추출하고 더 맛있는 커피를 마셔 보자.

처음 커피를 마시려는 사람은 종종 눈앞에 갈림길이 나타난 것 같은 느낌을 받는다. 커피를 내려 마시는 브루잉을 할 것인가 아니면 근사하지만 힘들게 에스프레소를 추출할 것인가? 꼭 양자택일할 일은 아니지만, 내가 말할 수 있는 사실은 훌륭한 드립커피를 내리는 편이 더 수월하고, 덜 좌절하면서, 비용도 적게 든다는 것이다. 여러분이 어떤 선택을 하든 만나게 될 함정과 막다른 골목을 피할 수 있도록 최선을 다해 길을 안내하겠다.

The Best Water for Brewing Coffee

커피 추출에 가장 좋은 물

커피 추출에 적합한 물을 논의하기 시작하면 대화는 금세 감정적으로 변한다. 커피가 왜 좋은지 또는 의외로 왜 나쁜지를 더 깊게 이해하기 시작하면, 물에서 가장 좌절하기 때문이다.

커피를 추출할 때 물은 두 가지 역할을 한다. 커피의 성분으로서, 그리고 용해되는 향미의 종류를 결정하는 데 크게 관여하는 용매로서 작용한다. 성분으로서의 물은 커피 한 잔의 대부분을 차지하기 때문에 다루기가 훨씬 쉽다. 필터로 여과한 블랙커피 한 잔은 물이 약 98.5퍼센트고, 일반적인 에스프레소 한 잔도 약 90퍼센트가 물이다. 이런 측면에서 우리의 주된 관심은 물이 염소 같은 오염물 없이 깨끗하고 아무 냄새도 없어야 한다는 것이다.

이 책을 보는 많은 사람이 깨끗한 수돗물을 바로 받아서 사용하겠지만, 나는 커피를 추출할 때 가장 좋은 물을 얻는 방법에 초점을 맞추려고 한다. 그러니까 맛을 '빼는' 법을 다루고 싶다. 가장 효과적인 방법은 활성탄소 필터를 사용하는 것이다. 이 필터는 저렴하며 대개 연화 성분과 함께 브리타 같은 주전자형 여과기에 들어 있다. 연화의 문제가 없다면, 그냥 맛과 냄새를 여과하는 활성탄소 필터와 물에 있는 이물질을 거르는 고운 메시를 찾으면 된다. 이 필터는 수명이 비교적 길지만, 여느 정수필터처럼 박테리아가 증식할 가능성이 있으므로 자주 교체해야 한다.

여기에서는 커피에 적합한 물을 만드는 데 영향을 주는 모든 요소를 검토하려고 한다. 특히 물 화학을 자세히 살필 텐데, 그 때문에 커피가 갑자기 접근할 수 없고, 어렵고, 너무 복잡해 보여서 많은 사람이 또 당황할 수 있다. 그러나 이렇게 전문적인 설명을 하는 이유는 주방을 실험실로 바꾸기 위해서가 아니다. 이를 알아야 물이 커피에 중요한 이유와 자신의 취향과 예산, 커피 추출에 대한 관심에 맞추어 최선의 선택을 할 수 있기 때문이다.

경수(센물)와 연수(단물)

'경수'는 토지를 통과하면서 흡수되는 칼슘과 마그네슘 같은 미네랄이 상당히 많이 녹아 있는 물이다. 반면 '연수'는 이런 미네랄 함량이 낮다. 나는 종종 탄산칼슘 함량을 낮추는 물의 연화를 이야기한다. 탄산칼슘은 용해된 석회석에서 나오는데, 주전자나 커피 머신에 남아 있는 석회 자국이 뜨거운 물에 녹아 침전된 탄산칼슘이다. 맛있는 커피를 만들려면 적당한 연수가 필요하지만 그것이 전부는 아니다.

우선 하고 싶은 말은 여러분이 아무 맛이 없는 적당한 연수를 사용하고 있다면 필요한 대부분을 갖추고 있다는 것이다. 하지만 불순물이 없는 순수(pure water)나 증류수는 커피 추출에 좋지 않은 선택이다. 이런 물을 사용하면 커피 맛이 좋지 않고 현실적으로 커피 머신이나 주전자 안쪽을 부식시키기 때문에 사용하지 않는 것이 좋다. 사용하는 물이 경수인지 연수인지 잘 모른다면 주전자나 물을 끓이는 주방 기구의 안쪽을 살펴보면 된다. 안쪽에 석회 자국이 있다면 그 물은 경수다.

미네랄

세계의 대부분 지역에서 미네랄 워터 병을 살펴보면 그 안에 함유된 미네랄의 목록이 있다. 용해된 미네랄 중에서 커피와 관련해 특별히 관심을 두어야 할 종류는 칼슘과 마그네슘이다. 둘 다 커피 추출에 직접적으로 관계하며, 분쇄 커피에 함유된 맛있는 용해성 화합물을 추출하는 데 도움이 된다. 이런 미네랄이 없는 물은 상대적으로 추출을 잘하지 못한다. 이런 미네랄이 많으면 추출이 더 잘되지만, 더 많다고 늘 더 좋은 것은 아니다.

추출이 너무 많이 되면 균형이 맞지 않고, 산미가 너무 강한 커피가 될 수 있다. 또한 칼슘과 마그네슘은 다르게 작용한다. 흔히 칼슘에 비해 마그네슘 함량이 더 많은 물은 산미가 더 강하고, 향미의 프로파일이 다르다. 또한 일반적으로 수돗물에는 칼슘이 많이 함유되어 있으나 그에 비해 마그네슘은 많지 않고, 마그네슘은 석회 자국도 만들지 않는다.

세계적으로 수돗물의 칼슘 함량이 높은 지역이 다수이기 때문에 많은 필터가 칼슘을 다른 이온(대개는 필터에서 나오는 나트륨-식용 소금)으로 바꾸는 식으로 정수를 한다(염화나트륨이 아닌 나트륨이라 물이 짜지지는 않는다). 커피에 적합한 물, 특히 알칼리성에 영향을 줄 수 있는 다른 이온 교환 정수필터도 있는데, 그에 대해서도 설명할 예정이다.

칼슘과 마그네슘의 이상적인 함량 비율을 알아내기는 어렵다. 석회 자국이 뜨거운 물에서 생기고, 용해되어 나오고, 용기 안쪽에 쌓이는 복잡한 요인이 있기 때문이다. 커피 기구에 쌓이는 석회 자국은 큰 문제다. 주전자에 생긴 자국은 쉽게 닦을 수 있지만, 에스프레소나 커피 머신은 좀 더 복잡해서 닦으려면 시간이 오래 걸린다. 게다가 주전자는 물을 부으려고 뚜껑을 열기만 하면 쌓인 석회 자국을 쉽게 볼 수 있지만,

커피 머신은 자극을 확인하려고 열어보기가 쉽지 않다. 기구가 고장 나고 나서야 문제가 있다는 것을 알게 되는 경우가 자주 있다.

커피를 추출했을 때 가장 맛이 좋은 물이 석회 자극을 방지하는 데는 최선이 아닐 수도 있다. 그래서 우리는 커피도 맛있고 커피 머신이 손상될 위험이 없는 골디락스 존(지구처럼 항성에서 너무 멀지도, 너무 가깝지도 않아 생명체가 존재할 가능성이 높은 행성. 과하지도 않고 모자라지도 않은 딱 맞는 것의 비유적 표현-역주)을 찾고 있는데, 다행히도 그 범위는 꽤 넓다. 여기서 요점은 최대한 단순하게 정리하는 것, 즉 수돗물 성분에 대해 걱정하기보다는 정보에 근거해 결정을 내리도록 돕는 것이다.

알칼리도

물과 커피의 상호작용에 대한 설명에서 미네랄이 절반을 차지한다. 비구름에서 수돗물까지 이어지는 물의 순환 과정 도중 기반암에서 탄산칼슘(석회석)이 용해되면, 물에는 칼슘 이온과 중탄산 이온이 존재하게 된다. 이때 중탄산 이온은 완충 역할을 한다. 간단히 설명해서 물 또는 커피의 pH를 조절하는 방식으로 작용한다는 뜻이다. 엄밀히 말해서 음료의 pH는 산미와 상관관계가 없지만, 완충 역할을 하는 중탄산 이온은 커피의 산미에 확실히 영향을 준다.

물의 알칼리도는 그 편차가 상당히 크며, 이것은 커피에 직접적으로 큰 영향을 미친다. 알칼리도가 아주 낮으면 커피에서 거슬리는 신맛이 날 수 있다. 한편 너무 높으면 커피 맛이 별로 안 나고 밍밍해진다. 이번에도 또 다른 골디락스 존을 찾고 있겠지만(시장에는 알칼리도뿐만 아니라 경도도 처리하는 정수필터가 있긴 하다), 그보다는 집에서 마시는 커피가 특정 방식의 맛이 나는 이유를 이해하는 것이 중요하다. 이론적으로 알칼리도는 물에 있는 미네랄과 뚜렷한 상관관계가 있다. 미네랄 함량이 더 높으면 추출이 더 잘되고, 알칼리도가 높으면 그 반대다. 그래서 과하게 추출되는 것을 방지해 좋지 않은 신맛이 나지 않는다. 그러나 현실에서 이론대로 되는 예는 거의 없다.

추천하는 물의 범위

중요한 사실은 단 하나의 '가장 좋은' 물 레시피는 없다는 것이다. 사람마다 커피에 대한 취향과 기대가 다르며, 물은 거기에서 어떤 역할을 할 수 있고 또 할 것이다. 모든 사람이 고농도로 추출된 진한 산미의 커피를 원하는 것은 아니며, 모두가 똑같은 스타일의 커피를 마시지도 않는다.

이는 로스팅 단계가 다양한 원두에서 추출된 커피를 원하는 사람들이 있는 것과 같은 이치다. 다양한 단계의 로스팅 원두를 이용해 수돗물로 훌륭한 커피 맛을 내는 사람이 있는가 하면 같은 수돗물로도 약간 실망스러운 커피 맛을 내는 사람도 있을 수 있다.

대개는 옆쪽처럼 물 레시피 가이드가 도표로 제시된다. 표에서 y축은 경도(미네랄 총함량)고 x축은 알칼리도다. 나는 커피의 훌륭한 맛을 하나도 안 남기고 추출하려는 사람에게 물 레시피에 따라 맛을 조정하고 개선할 기회가 될 수도 있다는 주의와 함께 상당히 광범한 물을 추천한다.

커피에 적합한 물을 구하는 방법

이전에 나온 물에 관한 모든 이론이 실용적인 형태로 증명되면 좋겠지만, 솔직히 이를 둘러싼 모든 질문에 확실한 답은 없다. 그렇긴 해도 커피 추출에 가장 좋은 물을 구하는 방법이 몇 가지 있다.

시작은 수돗물부터

가장 먼저 할 일은 수돗물의 미네랄 함량을 아는 것이다. 세계 많은 지역에서 온라인을 통해 수돗물 공급업체로부터 이 정보를 얻을 수 있다. 대개는 우편번호를 정확하게 입력하면 된다. 이것이 불가능하다면, 온라인에서 수질 검사 키트를 아주 저렴하게 구입하면 된다.

가장 유용한 것은 가정 어항용 키트다. 가정에 어항을 가진 사람들은 이상적인 수질을 유지하는 어려움을 너무 잘 안다. 수질을 재검사해야 할 수도 있으므로 이런 키트는 사용기한이 길어야 한다. 이런 키트는 특히 일 년 내내 급수원이 바뀌는 가정에서 유용하다.

수돗물이 앞서 나온 권장 범위에서 많이 벗어나지 않는다면, 그냥 주전자형 여과기를

권장 물 범위 - 도표

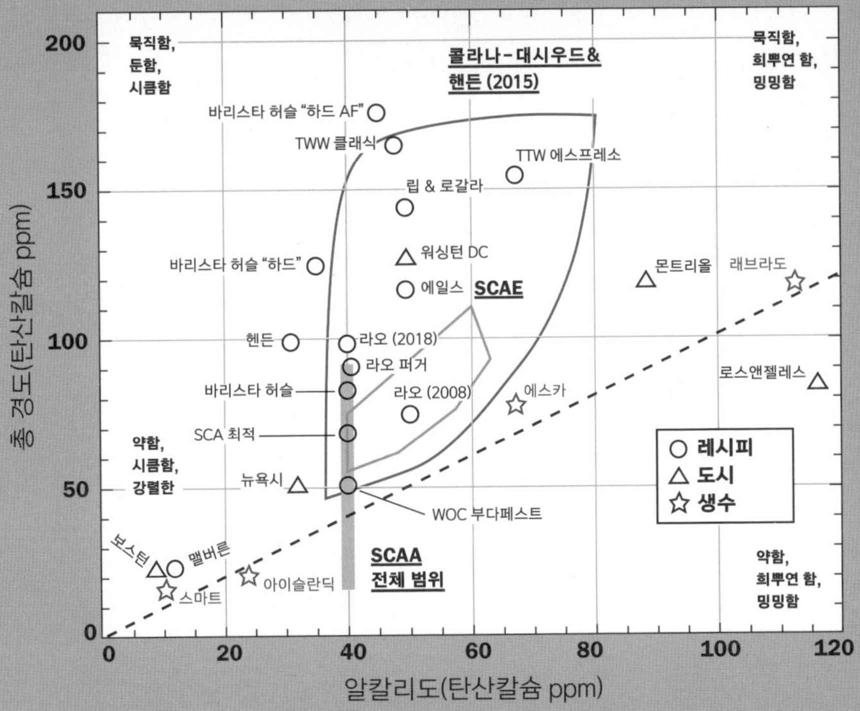

가장 좋은 레시피나 물은 없지만, 온라인에서 찾을 수 있는 추천 레시피나 생수, 특정 도시의 수돗물에서 경도와 알칼리도가 균형을 이룬 물을 찾을 수 있다.

위 도표는 《커피 브루잉(원제: The Physics of Filter Coffee)》(커피리브레, 2021)의 저자인 조나탕 가녜(Jonathan Gagne)가 만든 것이다. 궁극적으로 이 표는 물 화학과 커피 브루잉 분야에서 아메리카스페셜티커피협회(Specialty Coffee Association of America)와 유럽스페셜티커피협회(Specialty Coffee Association of Europe)가 했던 다양한 연구뿐만 아니라 맥스웰 콜로나-대시우드(Maxwell Colonna-Dashwood)와 크리스토퍼 헨든(Christopher Hendon)의 《Water for Coffee(2015)》에서 발표된 물의 범위를 나타내고 있다. 요점을 말하자면 녹색, 파란색, 빨간색 선 안에 들어간 물은 추출이 잘되는 물이다.

물의 경도 수준은 물에 녹아 있는 탄산칼슘($CaCO_3$)을 포함하는 미네랄 총함량(ppm)으로 표시된다. 일반적으로 연수는 탄산칼슘 함량이 50ppm 미만이고 경수는 200ppm 이상이다.

사용할 것을 권한다. 브리타(Brita)나 BWT가 쉽게 구매할 수 있으며, 피크 워터(Peak Water)는 알칼리도를 테스트하기 때문에 좀 더 커피에 적합하다. 이런 형태의 정수기는 비교적 저렴하고, 사용이 편리하며, 다 쓴 필터를 반환하면 그 안에 내장된 이온 교환기를 아주 효율적으로 재사용할 수 있다. (대부분의 제조업체가 이를 위해 우편요금을 지불한다) 단 한 가지 주의해야 할 점은 이런 종류의 정수기에는 곰팡이와 박테리아가 증식할 수 있으므로 얼마나 사용했느냐와 상관없이 제조업체의 사용법에 따라 매달 교체해야 한다는 것이다.

수돗물이 권장 범위에서 많이 벗어나 있다면, 물에서 모든 것을 제거하고 다시 미네랄을 함유시키는 좀 더 극단적인 해결책이 있다. 가장 간단한 방법은 제로 워터(Zero Water) 같은 주전자형 여과기를 사용하는 것이다. 이 여과기는 수돗물에 함유된 모든 내용물을 빼내 거의 순수에 가깝게 만든다. 그 후에 레시피(옆쪽 설명)나 서드 웨이브 워터(Third Wave Water, 커피 추출에 좋은 물을 만들기 위해 증류수에 녹이는 미네랄을 개별 포장한 제품) 같은 제품을 이용해 물에 미네랄을 첨가하면 된다. 이 방법은 아주 비싸지는 않지만 일이 좀 더 많아 수고스럽다.

다른 방법은 역삼투압 방식의 필터 같은 것을 사용하는 것이다. 이 방법은 아주 촘촘한 멤브레인 필터 쪽으로 물을 밀어서 물만 통과시키고 용해된 이온은 통과시키지 못하게 하는 것이다. 이런 기계들은 대개 수돗물의 경도가 아주 심한 지역의 업소에서 사용되지만, 중요한 단점이 있다. 비용이 많이 들고 비경제적이라는 것이다. 일반적으로 역삼투압 방식의 필터는 여과된 물 1리터를 만들기 위해 적어도 2리터의 수돗물이 필요하다. 나머지 1리터에는 미네랄이 많이 함유되어 있어 폐수로 버려진다. 일부 정수기는 경도가 아주 심한 이 물을 소량 사용하고 다시 혼합해 미네랄 함량을 원하는 수준으로 만들 수 있지만, 가정용으로는 예산이 충분하고 연수가 대량으로 필요하지 않은 한 자신 있게 추천하기는 어렵다.

레시피 물

커피에 적합한 물에서 극단적인 형태는 홈메이드 물 레시피다. 처음에 조금만 수고하면 자신의 취향에 맞게 또는 온라인 등에서 찾은 다른 추천 레시피에 맞는 물을 저렴하고 쉽게 만들 수 있다. 물이 커피에 아주 큰 영향을 미친다는 것을 알고서 많이 놀란 사람들을 위해, 그리고 수돗물이 너무 안 좋아서 실용적인 다른 해결책이 필요한데 아직 찾지 못한 사람들을 위해 다시 한번 말하겠다.

레시피 물을 만드는 데 필요한 성분 두 가지는 미네랄과 알칼리성분이다. 이것들은 시중에서 쉽게 구할 수 있으며 여기에 물과 저울만 있으면 된다.

엡솜염(Epsom salts): 이 소금은 황산마그네슘으로, 이것을 물에 넣으면 쉽게 마그네슘을 추가할 수 있다.
중탄산나트륨(베이킹소다): 물에 넣으면 완충제/알칼리성분이 더해진다.
증류수: 제로 워터 필터로 여과하거나 증류수 또는 탈이온수를 사면 된다.
0.01그램까지 정확한 저울: 온라인에서 살 수 있다. 저렴한 저울은 0.01그램까지 정확하지 않을 수도 있지만 레시피 물에 가까운 물로 만들어 줄 것이다.

나중에 쉽게 계산하기 위해, 두 가지 용액(하나는 미네랄, 다른 하나는 완충제)을 농도 1,000ppm으로 만드는 것이 가장 좋다. 방법은 다음과 같다.

- 증류수에 리터당 엡솜염 2.45그램을 녹인다.
- 증류수에 리터당 중탄산나트륨(베이킹소다) 1.68그램을 녹인다.

이제 45쪽의 도표에 표시된 도시의 물이나 커피 산업 전문가들이 추천하는 물에 필적할 레시피 물을 만들 수 있다. 바리스타 허슬 홈페이지에 레시피와 레시피 계산기, 커피와 브루잉에 대한 더 많은 정보가 있으므로 꼭 참조하기를 권한다.

생수

사람들은 지금도 종종 커피 브루잉에 다양한 생수를 사용해 보라고 추천한다. 나도 예전에는 그랬다. 그러나 이제는 일상적으로 커피 브루잉을 할 때 생수를 사용하라고 권하지 않는다.

생수 사용은 물의 영향을 부각시킬 수 있는 아주 좋은 방법이다. 아주 다른 두 브랜드의 생수(예를 들어 에비앙과 볼빅)로 브루잉을 해 보면, 추출된 커피에서 아주 뚜렷한 차이를 느낄 수 있기 때문이다.

하지만 일부 브랜드의 미네랄 워터와 슈퍼마켓 판매용 물이 사실 커피 추출용으로 꽤 좋긴 하지만(이제 여러분은 라벨에서 무엇을 찾아야 하는지 잘 알 것이다), 사실 생수의 사용으로 인한 쓰레기 발생과 환경 영향을 생각하면 마음이 아주 불편하다. 생수가 효과적인 방법임을 부인할 수 없고 어떤 때는 비용 면에서 효과적일 수도 있지만, 나는 실천 가능한 대안이 있는지 자주 찾아보라고 충고하고 싶다.

Calcium Carbonate
powder
Food Supplement
Net Wt.: 1lb (454g)
Supports bone health
Made in Italy
SUPPLEMENT FACTS
Other ingredients: None
Food Supplements should not be used as a
substitute for a varied and balanced diet and
healthy lifestyle.

Scales 저울

최소 1그램까지 정확한 주방용 디지털 저울은 집에서 더 맛있는 커피를 추출할 때 꼭 필요한 도구다. 하지만 저울을 사용하면 커피 브루잉이 과학적이고 까다로우며 약간 허세를 부리는 것처럼 보이기도 한다. 그래도 나는 디지털 저울을 사용하면 집에서 커피를 만드는 과정이 아주 단순해지므로 일회성이 아니라 계속 수월하게 할 수 있는 일상이 된다고 생각한다.

분쇄 커피의 경우 디지털 저울 대신에 스쿱으로 커피의 양을 측정할 수 있지만, 개인적으로는 좋아하지 않는다. '스쿱 가득'이 어느 정도인지 그리고 나한테 적당한 스쿱이 있는지 생각하기 귀찮기 때문이다. 또 커피의 블루밍(원두가 팽창하면서 거품이 생김) 때문에 눈대중으로 물을 붓기도 대단히 어렵다. 커피의 블루밍은 원두의 로스팅 시간 그리고 로스팅 후 경과 시간과 관련이 있기 때문이다.

커피 브루잉 과정을 간단하게 레시피로 만들 수 있으며, 레시피를 정확하게 따라 하면 늘 커피 맛을 유지할 수 있어서 불만이 생기지 않는다. 커피나 물의 양이 조금만 바뀌어도 추출된 커피의 맛은 크게 달라진다. 이에 대해 계획을 세워 실험해 보면 꽤 재미있는 결과가 나온다. 커피 브루잉을 처음 할 때부터 좋은 결과를 원하는 것은 욕심이다.

나는 추출한 커피를 마시기 전에는 분쇄 커피나 물이 얼마나 필요한지 가늠하기가 훨씬 어렵다는 것을 깨달았다. 이 사실이 언짢아서 가능한 한 모든 도움을 받고 다른 사람의 생각도 듣고 싶다. 아직 카페인이 들어가지 않아 내 뇌가 잘 돌아가지 않아도, 계량 저울이 있으면 레시피의 요점을 쉽게 파악해 많이 생각하지 않고도 훌륭하고 맛있는 커피를 만들 수 있다. 내가 생각하는 저울의 진짜 가치는 바로 이것이다. 커피를 쉽게 만들 수 있다는 것 말이다. 실험과 탐구에 필요한 기반이라는 것은 그다음이다.

예전에는 보석용 작은 저울을 추천했는데, 0.1그램까지 정확하게 측정할 수 있는 저울 중에서 가장 저렴하기 때문이다. 그러나 요즘에는 좀 더 큰 저울을 추천한다. 그냥 에스프레소를 추출할 때도, 대부분의 커피 저울은 드립 트레이 위에 올려놓을 수 있어서 에스프레소를 추출하면서 그 무게를 측정할 수 있다(183~189쪽의 '에스프레소 추출법' 참조). 또한 포타 필터를 저울에 놓을 수 있어서 분쇄 커피의 무게를 쉽게 측정할 수 있다(옆 사진).

주방용 저울의 가격이 계속 내려가고 있으므로, 하나 장만하면 커피는 물론 요리와 제빵을

START
STOP
MAX.2000g / 2-200g d=0.1g / 200-500g d=0.5g / 500-2000g d=1g
HARIO
ON/OFF
TARE

START
STOP
ON/OFF
TARE
HARIO

할 때도 유용하다. 현재 커피에 초점을 맞춘 저울들은 대부분 0.1그램까지 정확하며 타이머 기능도 있다. 이런 기능은 있으면 좋지만 꼭 필요한 것은 아니다. 사람들 대부분이 타이머 기능이 있는 스마트폰을 갖고 있지만, 나는 꼭 필요한 경우가 아니면 아침부터 휴대전화를 사용하고 싶지는 않다.

스마트 저울

지금까지 나는 '벙어리 저울'이라고 하는 것에 대해서만 이야기했다. 이와 대조적으로 현재는 와이파이나 블루투스 연결이 가능한 스마트 저울이 널리 사용되고 가정용 커피 추출기와의 연결도 크게 장려되고 있다. 하지만 나는 '벙어리 저울'이라는 이 별칭이 대단히 부당하다고 생각한다. 사실 '벙어리 저울'에도 필요한 기능은 모두 있고, '스마트 저울'은 그 진가가 의심스러운 부가 기능이 많이 탑재되어 있기 때문이다.

스마트 저울을 통해 데이터를 수집하거나 보는 것이 어느 정도 가치가 있다고 생각하지만, 어디까지나 제한된 상황에서만 그렇다. 나는 커피를 내리는 동안 휴대폰을 사용하는 것을 좋아하지 않는다. 또 휴대폰을 커피 저울에 연결하는 수고도 하기 싫고, 그냥 아침에 처음 마시는 커피를 만들고 싶을 때 왜 연결이 안 되는지 알아보느라 짜증 나는 경험도 하기 싫다.

나는 사람들에게 스마트 저울이 아주 구체적인 문제를 해결해 주는 기능을 갖고 있다면 고려해 보라고 조언한다. 그러나 대부분의 스마트 저울에 설치된 앱은 코딩과 설계가 형편없어서 의미 있는 진단을 해 주거나 중요한 도움을 주지 못한다. 이따금 품질이 더 좋거나 방수 등급이 더 좋은 스마트 저울도 있다. 나는 실험 데이터를 수집할 때 스마트 저울을 사용하지만, 이것은 내가 커피 브루잉을 하는 과정의 극히 일부일 뿐이므로 꼭 필요한 것이라고 추천하지는 못하겠다.

사람들이 원하는 것은 방수가 되고, 빠르고 정확하며 튼튼한 벙어리 저울이다. 그런데 사실 빠른 속도와 정확성은 서로 충돌하는 기능이다. 저울로 무게를 측정할 때 종종 데이터에 노이즈가 많이 발생한다. 예를 들어 추출기에 물을 부을 때 수력 때문에 진동이 발생한다. 저울은 정확성을 위해 데이터를 많이 수집하는 동시에 노이즈 제거를 위해 데이터를 처리해야 한다. 이 때문에 저울의 반응이 약간 느려진다. 따라서 저울이 결과를 빨리 표시할수록 정확성은 떨어질 가능성이 있다. 이에 대한 기술 개선이 끊임없이 이루어지고 있다. 어쨌든 중요한 점은 빠르면서도 정확한 측정은 어려운 일이며, 왜 정확하고 비싼 저울이 저렴한 저울보다 처리 속도가 느린 것처럼 보이는지 알아야 한다는 것이다.

A Coffee Grinder 커피 그라인더

집에서 더 맛있는 커피를 만들 때, 투자 가치가 가장 높은 것은 커피 그라인더다. 거기에는 타당한 이유가 있다.

더 깊은 고찰을 위해 고가의 업소용 그라인더로 사전에 분쇄해 놓은 커피와 값싼 가정용 그라인더로 방금 분쇄한 커피를 비교하는 실험을 했더니 전자가 후자보다 더 맛이 좋다는 결과가 나왔다. 이 실험은 흥미로웠지만, 그 결과에 커피를 분쇄할 때 맡을 수 있는 기분 좋은 커피 향은 반영되지 않은 것 같다. 또한 브루잉하는 원두와 브루잉 방법에 맞춘 분쇄도 조정의 중요성도 간과하고 있다(더 자세한 내용은 88~89쪽의 '커피 브루잉에 대한 일반적인 설명' 참조).

블레이드 그라인더

버 그라인더와 블레이드 그라인더

커피 그라인더에는 버 그라인더와 블레이드 그라인더 두 종류가 있다. 블레이드 그라인더는 원두를 신선하게 분쇄할 때 나는 커피 향을 즐길 수 있지만 유용성이 제한되어 있다. 분쇄 공간 안에 장착된 작은 칼날이 아주 빠르게 회전하며 원두를 분쇄한다. 분쇄된 커피는 아주 고운 가루부터 큰 덩어리까지 입자 크기가 고르지 않다. 입자 크기를 조절하려면 그라인더 작동 시간을 조절하는 방법밖에 없는데, 이것으로는 정확도가 크게 떨어진다. 내가 유일하게 해줄 수 있는 효과적인 조언은 버 그라인더로 업그레이드시키라는 것이다.

버 그라인더는 그 안에 두 개의 원형 날이 있다. 날 하나는 고정되어 움직이지 않고 나머지 날이 회전한다. 날을 회전시키는 동력원에 따라 모터로 돌리는 자동식과 손으로 돌리는 수동식이 있다. 집에 후추그라인더가 있다면, 이미 원시적인 형태의 버 그라인더를 가진 셈이다. 후추를 바로 갈아서 음식에 넣으면 풍미가 훨씬 좋아지지 않는가? 좋은 버 그라인더가 커피에 미치는 영향은 그보다 열 배나 크다(커피는

NICHE

주재료이기 때문이다).

커피 그라인더를 고를 때는 다음의 네 가지 사항을 고려해 자신의 필요와 예산에 맞게 구입하면 된다.

1. 버 그라인더

그라인더에 내장된 원형 날의 형태는 크게 평면형과 원뿔형 두 가지가 있다. 날의 재질은 대개 금속이지만 저렴한 그라인더의 경우 세라믹도 있다. 설계되는 절단면의 기하학적 구조와 패턴은 다양하다. 안쪽에 있는 큰 톱니가 원두를 일차로 분쇄하면, 굵게 분쇄된 원두는 날을 통해 바깥쪽으로 이동하면서 점점 곱게 분쇄되어 날과 날 사이의 공간을 통과할 수 있을 정도의 작은 크기가 된다. 분쇄된 커피 입자의 크기는 날과 날 사이의 간격을 좁히거나 넓혀서 조절한다. 날 사이의 간격을 조정하는 기계 장치는 몇 가지가 있지만, 사용자로서는 그라인더에 있는 다이얼을 돌리거나 본체에 있는 칼라(이음 고리)를 돌리면 된다. 이 기계 장치를 이용하면 커피 입자의 크기를 아주 작게 조절할 수 있다.

현재 시중에 나와 있는 그라인더는 드립커피에 가장 잘 맞는 것이 있는가 하면 에스프레소에 더 적합한 것도 있고, 그 둘을 절충한 것도 있다. 하지만 이런 차이는 그리 크지 않으며, 에스프레소에 적합한 그라인더를 구입해도 드립커피용으로 분쇄할 수 있으므로, 이제 막 커피에 입문한 사람이 그라인더를 고를 때는 이 점을 유념하는 것이 좋다.

일반적으로 분쇄의 질은 금속 날이 더 좋으므로, 예산이 허락된다면 금속 날의 그라인더를 구입할 것을 추천한다(모든 규칙에는 예외가 있지만, 이것을 팁으로 생각하면 좋다). 비싼 그라인더일수록 날이 비싼 값을 한다. 금속 날이 품질도 더 좋고, 더 정교하며, 수명도 더 길다.

평면형 버(날)

원뿔형 버(날)

버 그라인더처럼 생겼는데 아주 저렴한 그라인더에 주의해야 한다. 이런 그라인더는 대개 약 8만 원 미만이며, 그 안의 날은 원두를 제대로 분쇄하지 못하고 부수기만 할 뿐 제 기능을 하지 못한다. 최소 15만 원 이상의 자동 버 그라인더를 추천한다. 하지만 이런 그라인더도 에스프레소용으로 곱게 분쇄하지는 못한다. 에스프레소용으로 사용할 수 있는 그라인더는 특히 더 비싼데, 바로 모터 때문이다.

2. 조절 장치

앞에서 살펴보았듯이, 버 그라인더에는 일종의 기계 장치가 있어서 브루잉 방법의 조건에 따라 날과 날 사이의 간격을 좁히거나 넓힐 수 있다. 간격을 조절하는 방법에 따라 두 종류의 그라인더가 있는데, 단계식 그라인더(stepped grinder)와 무단 그라인더(stepless grinder)다. 단계식 그라인더는 날을 이동시킬 수 있는 간격의 단계가 고정된 비율로 변화한다. 이것은 칼날을 얼마나 이동시켜야 하는지 뿐만 아니라 변경이나 설정을 쉽게 반복하는 방법에 대한 지침이 되기 때문에 유용하다. 하지만 그라인더마다 단계의 크기가 달라서 어떤 그라인더는 다른 그라인더에 비해 한 단계만 바뀌어도 입자 크기의 변화가 훨씬 크다는 것에 주의해야 한다.

간혹 무단 그라인더가 더 낫다는 의견이 있는데, 에스프레소를 추출할 때는 이 그라인더가 거의 필수다. 에스프레소는 최대한 많이 추출하기 위해 분쇄도가 아주 조금씩 바뀌어야 하는데, 단계식 그라인더는 대부분 가장 작은 한 단만 바꾸어도 아주 굵은 분쇄에서 아주 고운 분쇄로 바뀔 수 있기 때문이다. 무단 그라인더는 분쇄도 조절이 약간 까다롭게 여겨져서 불만스러울 수 있지만, 대부분의 무단 그라인더에 합리적인 규모의 '단계'라고 생각되는 기호가 표시되어 있다(아래 사진 참조).

3. 모터

커피 그라인더의 가격 중에서 상당 부분은 모터가 차지한다. 커피 원두를 분쇄하려면 큰 회전력과 동력이 필요한데, 대체로 저렴한 그라인더는 모터의 성능이 제한적이다. 입자를 곱게 분쇄할수록 모터의 회전력이 커야 하는데, 저렴한 그라인더는 사용자가 에스프레소용으로 곱게 분쇄하려고 하면 작동을 멈추기 때문에 효율적이지 않다. 한편 저렴한 그라인더의 제조업체는 작동 중단 사태를 방지하기 위해 사용자가 아주 곱게 분쇄하는 설정을 하지 못하도록 제작한다.

에스프레소용 그라인더의 가격이 최소 30만 원부터 시작해서 급격하게 상승하는 이유는 모터가 더 강력하기 때문이다. 이 가격대의 모터는 아주 높은 RPM(분당 회전수)으로 작동하는데, 그래야 에스프레소용으로 더 곱게 분쇄할 수 있는 운동량을 구축할 수 있기 때문이다. 칼날의 속도가 커피 맛에 어떤 영향을 주는지에 대한 증거는 많이 없지만, 값비싼 그라인더는 RPM이 낮아도 또는 일정치 않아도 곱게 분쇄할 수 있다.

4. 일 회분 원두 통 vs 호퍼

과거에 가정용 그라인더에는 상부에 원두 보관 통인 호퍼가 있어서 그 안에 원두 한 봉지를 담을 수 있었다. 하지만 이제는 그라인더에서 호퍼가 사라지는 추세인데, 두 가지 이유 때문이다. 우선 신선도에 대한 우려다. 커피는 밀폐 용기에 넣어 어둡고 건조한 곳에 보관하는 것이 가장 좋은데, 그라인더 상부에 있는 호퍼는 그 조건을 충족시키지 못하기 때문이다. 두 번째로 사람들이 커피를 마시는 스타일이 바뀌었다. 두 종류 이상의 원두를 구비하는 가정이 점점 늘어나면서 마시고 싶은 커피가 다를 때마다 호퍼를 비우고 다른 원두를 채우는 것이 실용적이지 않게 되었다. 요즘에는 점점 사람들이 브루잉 직전에 그라인더에 원두를 일 회분만 넣고 분쇄한다. 이 때문에 시장에는 호퍼가 없거나 일 회분만 분쇄하도록 디자인된 그라인더가 더 많이 나오게 되었다. 한편 이에 따라 그라인더 내에 남아 있는 커피에도 관심이 쏠렸다. 일 회분 그라인더는 되도록 커피가 남아 있지 않게 디자인되었지만, 모든 그라인더에는 약간의 커피가 남아 있게 마련이다. 과거에 호퍼가 있는 그라인더를 디자인할 때는 편리성과 어느 정도의 일관성이 일차 목표였기 때문에 커피 잔류에 별로 신경을 쓰지 않았다. 이제 자신이 브루잉을 어떻게 하고 싶은지 생각해 보자. 마음 내키는 대로 편하게 일 회분만 분쇄하고 싶은가? 아니면 분쇄 설정을 많이, 자주 바꿀 것 같은가? 그 대답에 따라 자신에게 가장 적합한 그라인더를 결정하면 된다.

커피 그라인더를 구매하려고 할 때는 위와 같은 사항들을 중요하게 고려해야 하므로, 자신이 지금 또는 앞으로 에스프레소를 만들고 싶은지 아닌지 정도는 알아야 한다. 그다음에는 디자인이나 소음(시끄러운 정도, 소리가 괜찮은지 아니면 거슬리는지), 애프터 서비스 등 다른 사항들을 생각해야 한다.

저렴한 수입 제품에 끌리는 사람이 많지만, 커피 그라인더와 특히 에스프레소 머신만큼은 나중에 부품 구입이 쉽고 수리가 잘되는 기계를 구입하는 것이 좋다(168~177쪽 '에스프레소 머신 구입 방법' 참조).

수동 그라인더

이제 수동 그라인더를 이야기해 보자. 값비싼 부품을 빼면, 자동 그라인더보다 훨씬 저렴한 가격으로 좋은 수동 버 그라인더를 구입할 수 있다. 이때 다음의 사항을 유념해야 한다.

대개 초보용 그라인더는 세라믹 날이지만, 요즘은 금속 날이 장착된 수동 그라인더도 많다. 저렴한 가격으로 만족스러운 결과를 얻고 싶다면 금속 날의 버 그라인더를 선택하는 것이 좋다. 시험 삼아 커피 분쇄를 해 보고 그 차이가 얼마나 큰지 알아보고 싶다면, 4만 원 정도에서 초보용 그라인더를 구입하면 된다.

저렴한 그라인더의 경우, 날은 별도로 하고 타협할 수 있는 부분은 날을 안정적으로 작동하게 하는 장치에 있다. 대체로 저렴한 그라인더는 회전할 때 구동축이 약간 흔들릴 것이다. 이는 날 사이의 간격이 고르지 않다는 뜻이고 따라서 분쇄가 균일하게 이루어지지 않는다. 좋은 수동 그라인더는 디자인과 재질 면에서 구성이 더 좋아서 이런 일이 발생하지 않는다.

수동 그라인더도 가격이 수십만 원, 아니 일부 경우에는 수백만 원까지 비싸질 수 있다. 이런 수동 그라인더는 재료와 그라인더의 정확성, 날의 디자인, 제작에서 개선되었으며, 40만 원 정도의 수동 그라인더 성능은 약 80~150만 원 정도의 자동 그라인더와 비슷하다. 그 대신에 매일 아침 직접 그라인더를 돌려야 한다. 손으로 커피를 분쇄하려면 상당한 힘이 필요하다. 특히 곱게 분쇄하려면 많은 힘이 든다. 의식과 같은 그 과정, 그라인더를 돌리며 커피가 잘 분쇄되는 느낌을 아주 즐기는 사람들이 있다. 그들은 그 과정 때문에 커피를 브루잉하고 마시는 것을 더욱 즐긴다. 한편 나처럼 손으로 돌려 분쇄하는 수고가 그 즐거움보다 더 크다고 생각하는 사람들도 있다. 그래서 나는 자동 그라인더를 구입하는 것이 상당히 가치 있는 일이라고 생각한다.

Accessories 그 외 도구들

지금까지 커피 추출기를 제외하고 꼭 필요한 도구들을 다루었다. 하지만 진짜 필수 도구는 87~129쪽의 '맛있는 커피를 브루잉하는 법'에서 다룰 커피 추출기밖에 없다.

그러나 지금은 우리가 커피의 세계를 여행하는 중에 언젠가는 흥미를 갖게 될 몇 가지 기본 도구와 장비에 대해 이야기하면 좋을 것 같다.

커피 보관

특별히 커피 보관용으로 디자인된 통과 다른 용기들이 많이 있다. 스페셜티 커피 업계에서 대부분 사용하는 봉지의 디자인이 개선되었다는 것은 그 봉지가 커피를 보관하기에 가장 편하고 좋은 방법이라는 뜻이다. 커피 봉지가 지퍼백 종류라면 그보다 더 좋은 보관 용기는 없을 것이다. 그러나 봉지가 밀봉되지 않거나 필요한 만큼 덜어내기가 쉽지 않아서 봉지 속의 커피를 다른 용기에 옮기고 싶을 때가 있다.

그럴 때 사용하면 좋은 커피 보관 통은 크게 세 종류가 있다.

밀폐/밸브 용기: 간단하게 밀폐만 되는 용기다. 일부 용기는 커피 원두에서 나오는 이산화탄소가 빠져나갈 수 있도록 한쪽 방향으로만 통하게 하는 밸브가 있기도 하지만, 이런 밸브가 꼭 필요한 것은 아니다. 특별히 커피용으로 디자인된 용기뿐만 아니라 유리병이나 타파웨어를 사용해도 된다. 유리나 플라스틱으로 된 투명 용기를 사용한다면 반드시 어두운 곳에 보관해야 한다. 빛 때문에 커피에서 묵은내가 빨리 날 수 있기 때문이다.

배기 용기: 이런 용기에는 용기 내부에 있는 공기 대부분을 제거하는 장치가 있는데, 대개는 뚜껑이 원두의 윗면에 꼭 맞게 닫힌다. 그러나 이 용기에 보관한다고 해도 시간이 지나면서 커피의 상태가 크게 좋아지지는 않는다. 특히 대부분 한 봉지를 소비하는 기간 내에는 분명 개선되지 않는다. 그래도 이런 용기는 대체로 잘 만들어져 있고, 갖고 있으면 좋다. 또 여기에 보관하면 커피를 잘 보관하고 있다고 안심하게 된다.

진공 용기: 진공 용기에는 용기 내부의 공기 대부분(전부는 아님)을 빼내는 장치가 있어서 중장기적으로 보관할 때 다른 어떤 용기보다도 좋다. 진공 용기에 아주 신선한 커피를 보관할 경우, 다음 날 진공이 해제되어 있어도 걱정할

필요가 없다. 음압 상태에서는 용기 안으로 공기가 들어갔을 가능성보다는 원두에서 이산화탄소가 빠져나왔을 가능성이 더 높기 때문이다. 진공 용기는 용기들 가운데 가장 비싸지만, 예산에 맞고 커피를 되도록 오래 보관하고 싶다면 구매해도 좋을 것이다.

주전자

꼭 주전자가 아니어도 물을 끓일 수 있지만, 주전자는 언급할 가치가 있다. 커피용으로 선택할 수 있는 주전자의 종류가 꽤 다양하고 가격 범위도 상당히 넓기 때문이다.

드립 포트: 거위목 주전자라고도 하는 드립 포트는 필터추출(푸어오버)을 비롯한 일부 추출 방식에 아주 널리 사용된다. 주둥이가 길고 가늘어서 뜨거운 물을 천천히 조심스럽게 부을 수 있으며, 물이 떨어질 때 커피 층이 휘저어지는 것을 최소화하고 싶을 때 그 모양 덕분에 커피 층에 아주 가깝게 부을 수 있다. 드립 포트는 원래 아주 비쌌지만 지금은 가격이 많이 내려갔으며, 필터추출을 많이 할 때 유용하므로 구매를 고려해 볼 만하다. 좋은 드립 포트는 가스나 전기, 인덕션에 바로 올려서 물을 끓일 수 있다. 직접 끓일 수 없는 드립 포트라면, 별도의 주전자에

물을 끓인 후 빨리 드립 포트에 옮겨 담아 추출해야 한다.

온도 조절 드립 포트: 온도 조절 드립 포트가 유용한 몇 가지 예가 있다. 전기주전자가 없을 때는 이 드립 포트가 확실히 편리하다. 또 미디엄 내지 다크 로스팅 커피를 추출할 경우, 물의 온도를 80~90도로 낮게 유지할 수 있으므로 아주 유용하다.

그러나 이 두 가지 장점 외에는 별로 쓸모가 없다. 차를 많이 마시는 가족에게는 용량이 많이 부족하다. 또 프렌치프레스나 에어로프레스처럼 침전식 브루잉을 할 때는 물을 천천히 조심스럽게 붓지 않아도 되므로 일반 주전자가 괜찮다. 절충 형태로 온도 조절이 가능한 전통 주전자가 있다. 이런 주전자는 차 중에서 백차나 녹차, 우롱차처럼 찻물 온도가 낮은 차를 우릴 때 사용된다.

필터추출 커피

필터추출 커피가 굉장한 인기를 끌고 있다. 수십 년 동안 가정에서 커피를 추출해 온 방식의 하나였던 이 방법은 2000년대 중반부터 2010년대 초까지 스페셜티 카페에서 다시 등장했다.

범주가 상당히 넓은 필터추출은 일종의 여과 방식인데, 보통 원뿔 모양의 드리퍼 안에 종이 필터를 놓고 그 안에 커피를 담은 뒤 물을 부으면 아래에 있는 컵이나 카라페(와인이나 커피를 서빙하는 유리병-역주)로 커피가 떨어진다. 종종 드립커피라고 불리는데, 드립커피는 카페에서 브루잉하는 보다 넓은 의미의 커피를 지칭할 때 사용된다.

필터추출이 인기가 있는 것은 큰돈 들이지 않고 브루잉을 시작할 수 있고, 한두 잔만 브루잉하기에도 좋고, 의식을 거행하는 것처럼 커피를 직접 만든다는 만족감을 주기 때문이다.

처음 드리퍼를 고를 때는 그 모양과 방식, 옵션의 범위가 너무 넓어서 선택이 힘들 수 있다. 선택에 도움이 될 좋은 팁이 있다면, 어떤 방식이든 가장 저렴한 제품은 대개 재질이 플라스틱이라는 것이다. 플라스틱은 보온력이 유리나 세라믹, 금속보다 좋아 특히 라이트 로스팅 커피를 내릴 때 부담 없이 사용할 수 있다.

카라페

마지막으로 이야기할 도구는 카라페다. 카라페는 꼭 필요한 것은 아니지만, '갖고 있으면 정말 좋은' 도구다. 많은 드리퍼가 컵에 브루잉하도록 디자인되어 있다. 하지만 간혹 한 번에 여러 잔을 브루잉해야 할 때가 있다. 이런 경우에 컵보다 큰 용기가 필요한데, 대개 그 목적을 위해 디자인된 카라페를 사용한다.

처음에는 커피에 초점을 맞추어 선택할 수 있는 대상이 제한적이어서 모든 제품이 약간 비쌌다. 지금은 제품이 다양해져서 부담 없이 선택할 수 있다. 대부분은 유리 재질인데, 내가 강력하게 추천하는 것은 유리 카라페다. 유리 카라페에 잘 내려진 커피는 참 근사해 보인다. 빛을 받아 불그레한 색조는 아침에 마시는 커피의 즐거움을 한층 더해 준다.

여기에서 컵이나 커피 테이스팅 유리 제품은 다루지 않았다. 다룰 내용이 너무 많고 사실 그것은 어디까지나 개인의 취향 문제이기 때문이다. 모양이나 무게가 마음에 들고 약간의 즐거움을 주는 컵이 나에게 꼭 맞는 컵이다.

3

HOW TO TASTE COFFEE

커피 테이스팅 하는 법

더 맛있는 커피를 마실 수 있는 가장 빠른 방법은 커피를 마셔 보고, 자신이 좋아하는 맛 또는 싫어하는 맛의 원인을 아는 것이다.

테이스팅을 통해 변화를 준다는 생각이 처음에는 약간 분명치 않고 모호해 보일 수 있지만, 사실 효과가 좋고 궁극적으로 만족스러운 방법이다. 내가 사람들에게 이런 이야기를 하면, 다수는 경험 많은 감정가와 같은 미각이나 기술이 자신에게 없다고 생각해서 머뭇거린다. 하지만 그들도 조금만 배우면 작은 변화도 정확하게 인지할 수 있고 레시피나 기술을 바꾸면 커피의 맛이 얼마나 좋게 바뀌는지 쉽게 알 수 있으며, 그 사실을 알게 되고는 많이 놀란다. 확실히 테이스팅은 연습을 통해 발전시킬 수 있는 기술이지만, 모든 사람이 좋은 테이스터가 될 능력을 지녔다.

우리는 훌륭한 커피를 마시며 그 맛에서 기쁨을 느낀다. 하지만 어떻게 그렇게 훌륭한 맛이 나오는지, 커피 맛이 왜, 어떻게 그렇게 좋은지 안다면 또 다른 즐거움을 느낄 수 있다. 여기에서는 먼저 우리가 맛을 느끼게 되는 기전을 분석한 뒤, 그 내용을 구체적으로 커피에 연결해 설명하려고 한다.

The Mouth vs The Nose 입인가, 코인가

테이스팅에 대한 용어를 보면서 무슨 뜻인지 몰라서 답답해질 수도 있다. 우리가 배운 바에 따르면 맛에는 단맛, 짠맛, 신맛, 쓴맛, 감칠맛의 다섯 가지 기본 맛이 있다. 이러한 맛들은 모두 미뢰를 통해 입에서 감지된다.

이 외에도 우리는 입에서 떫은맛, 얼얼한 맛, 매운맛, 금속 맛 등을 느낄 수 있다. 미뢰가 맛을 감지하는 방식은 비교적 간단하다. 미뢰에서 다양한 맛이 섞인 음식물로부터 자극받은 수용체는 신경을 자극해 그 맛을 지각하고 있다고 뇌에 전달한다. 가끔 '슈퍼 미각' 같은 용어가 보인다. 슈퍼 미각의 소유자는 미뢰를 평균보다 많이 갖고 있는데, 그것이 꼭 좋은 것만은 아니다. 짠맛 같은 것을 다른 사람보다 강하게 느끼므로 다른 사람을 위해 음식을 할 때 간을 맞추기가 까다로울 수 있기 때문이다. 대개 슈퍼 미각의 소유자는 상대적으로 쓴맛을 강하게 느끼기 때문에 커피를 좋아하지 않는다. 그러나 슈퍼 미각의 소유자도 미뢰에서 멀리 떨어진 곳에서 감지되는 감각이나 향미까지 더 잘 느끼지는 못한다.

감기에 걸렸거나 냄새를 맡지 못할 때도, 음식을 먹거나 마시면 기본 맛은 여전히 느껴진다. 하지만 잃어버린 것, 향미에는 집중하지 못한다. 다양한 맛이 섞인 음식에서 그 향미를 규정하는 특징을 감지하는 것은 비강 맨 위에 있는 후각망울이다. 향미와 향은 휘발성 유기 화합물의 형태로 우리 몸에 들어온다. 휘발성이란 상온에서 쉽게 증발해 공기 중에 떠다닌다는 뜻이고, 유기 화합물은 화학적 관점에서 생물의 기원이 될 가능성이 있는 탄소계 화합물이다. 후각은 놀라운 감각이다. 후각망울은 이런 화합물을 감지하면 바로 그 냄새를 알아낼 수 있다. 더 놀라운 것은 그 냄새가 이전의 자연에서 존재한 적 없는, 실험실에서 제조된 것일 수 있다는 사실이다. 하지만 우리의 코는 그것이 무슨 냄새와 비슷한지, 예를 들면 나무 냄새가 나는지를 바로 알 수 있다. 그뿐만 아니라 그 냄새를 맡은 다른 사람도 똑같은 경험을 할 것이다.

맛에 관한 용어가 특히 짜증 나는 것은 맛(taste)과 향미(flavor)의 차이에 있다. 향(aroma)은 커피를 마시기 전에 냄새를 맡으면서 휘발성 유기 화합물이 가득한 공기를 들이마셔 코를 통해 느끼는 것이다. 그 후 커피를 마시면 입에서 어느 정도의 맛을 느낀 뒤 삼키는데, 이때 자동으로 삼킴 호흡(sallow

breath)이라는 것을 한다. 지금 한번 해 보자. 삼킨 후에 본능적으로 공기를 약간 들이마셨다가 코로 내뱉는다. 이 호흡으로 앞서 맡았던 것과 같은 휘발성 화합물이 다시 후각망울로 보내진다. 하지만 대부분은 입에서 느낀 맛과 코에서 맡은 향의 혼합을 한순간에 경험하기 때문에 특히 나중에 생각하면 맛과 향을 분리하기가 어렵다.

그러나 맛과 향미를 분리하는 정말 간단한 방법이 있다. 아이들이 싫어하는 음식을 먹을 때 쓰는 방법이므로 아마 누구나 어렸을 때 해 보았을 것이다. 바로 음식을 먹을 때 코를 쥐어 잡는 것이다. 콧구멍을 막으면 삼킴 호흡이 효과가 없어지므로, 싫어하는 향미가 후각망울로 가지 않는다. 가까이에 먹을 것이 있다면 책을 내려놓고 지금 당장 해 보자. 한 손으로 코를 쥐어 잡고 다른 손으로 음식을 집어 입에 넣고 잠시 씹어보자. 이때 어떤 맛이 느껴지는지 생각한 뒤 코에서 손을 뗀다. 마치 흑백 영화가 갑자기 컬러 영화로 바뀐 듯한 기분일 것이다.

많은 음식과 음료에는 후각망울이 감지해야 하는 다양한 방향족화합물이 대단히 많이 들어 있다. 우리의 뇌는 먼저 맛에 대한 정보를 취하고 그것을 단서로 삼아 그다음에 들어올 향미를 가려내는 방식으로 아주 영리하게 일한다. 예를 들어 혀에서 구연산이 많이 느껴지면, 뇌는 감귤류 같은 향을 구분할 준비를 할 것이다. 바로 이런 이유로 우리는 가끔 커피의 향을 묘사하는 용어를 보고 커피의 산도가 어느 정도일지 가늠할 수 있다.

사람들은 개별적인 휘발성 화합물을 감지하고 확인하는 테이스터처럼 어떤 음식의 맛을 보고 그 안에 들어 있는 다양한 향미를 구분하는 능력에 깊은 인상을 받는 것 같다. 아주 드물지만 실제로 이런 능력을 보이는 사람이 있다. 테이스터는 어떤 음식이나 음료를 맛보고 거기에서 느껴지는 뒤섞인 맛과 향을 풀어서 하나하나 분석한다. 누군가가 어떤 커피에서 딸기 맛이 난다고 해서 그 안에 딸기에 들어 있는 것과 똑같은 휘발성 화합물이 있다는 뜻은 아니다. 또한 다른 와인 테이스터가 딸기 맛이 나는 것 같다고 하는 와인에 들어 있는 휘발성 화합물과 똑같지도 않다. 객관적인 향미가 있는 음식도 있지만, 사람마다 뇌에서 많은 정보를 평가하고 해독하는 방식이 다르므로 종종 향미의 경험은 상대적으로 주관적이다.

여기에서 기분 좋은 사실은 틀린 답이 없다는 것이다. 예를 들어 당신이 커피를 마시고 수박이 연상되는 향미를 느꼈는데 아무도 당신의 말에 동의하지 않는다고 해서 당신이 틀린 것은 아니다. 당신의 뇌에는 지금까지 당신이 살아오면서 형성된 독특한 맛 경험과 패턴 인식들이 있다. 커피나 와인을 누구보다도 정확하게 묘사할 수 있다고 해서 특별한 일은 아니다. 그 가치는 자신이 좋아하는 맛과 좋아하는 경험을 알고, 훌륭한 커피에서 느껴지는 복합적이고 궁극적으로 근사한 모든 향미에 주의를 기울일 수 있다는 것에서 생겨난다.

맛없는 커피의 좋은 점

테이스팅 학습에서 강조할 가치가 있다고 생각되는 특별한 측면이 있다. 일단 향미에 정말로 관심이 생겨서 용어를 찾아보고 테이스팅 경험을 말로 묘사해 보려고 하다 보면 사실 더 이상 그것을 즐기지 않게 되기 쉽다.

내가 할 수 있는 최선의 비유는 그것이 저녁 초대를 위해 요리를 하는 것과 약간 비슷하다는 것이다. 요리한 당신은 음식을 먹으면서 맛에서 부족한 점이 있는지 적극적으로 찾는다. 함께 식사하는 다른 사람들은 맛있다고 하지만, 당신은 잘못된 점만 느끼고 거기에 집중한다. 너무 익었나? 덜 익었나? 너무 싱거운가? 짠가? 제대로 했으면 더 맛있을 수 있었다고 자꾸 생각하게 될 것이다. 하지만 다른 사람들은 그런 식으로 평가하지 않는다. 그들은 그냥 간단하게 '이 음식이 마음에 드는가?'라고만 생각한다. 그러니 이렇게 생각해 보자. 누군가가 당신이 정말 좋아하는 음식을 해 주었는데 요리해 준 사람은 그 음식이 만족스럽지 않지만, 당신은 그 음식을 정말 맛있게 먹고 있다고 말이다.

그것은 아슬아슬한 줄타기와도 같다. 무언가에 관심을 기울여서 보다 큰 장점을 드러낼 수 있지만, 자칫하면 장점이 아닌 결점에 집중하기 쉽기 때문이다. 개인적으로 직업상 테이스팅을 하게 된 이래로 이 점을 자주 고심했다. 그 결과 내린 결론이자 내가 해 줄 수 있는 최고의 조언은 가끔 정말 맛없는 식음료를 먹거나 마시라는 것이다. 주변을 둘러보면 맛이 없는 커피를 어렵지 않게 구할 수 있다. 간혹 이런 커피를 마셔서 커피에 대한 기준 기대치를 재설정하는 것이 좋다. 세상의 아름다움을 볼 수 있으려면 주변이 약간 추해야 한다.

Comparative Tasting 비교 테이스팅

커피 테이스팅(커피 테이스팅 경험을 이해하고 분석하는 것)을 배우는 것은 어렵지 않고 아주 보람 있는 일이다. 짧은 시간에 가장 효율적으로 배울 수 있는 방법은 비교 테이스팅밖에 없다.

비교 테이스팅은 와인이나 위스키 같은 음료에서 널리 이루어지고 있지만 커피는 아직도 드문 편이다. 그러나 약간의 지도를 받으면 비교 테이스팅을 통해 자신이 무엇을, 왜 좋아하는지 금세 알 수 있다. 이 연습은 종류가 다른 커피 두 잔만 있으면 할 수 있다. 물론 더 많으면 더 큰 도움이 될 수 있긴 하다. 비교 테이스팅을 이제 막 시작하는 경우라면, 한 번에 다섯 종류 이상의 커피를 테이스팅하는 것은 권하지 않는다. 열 병이 넘는 다른 와인을 테이스팅하다 보면 감당하기 어렵고 정신을 잃기 쉬운데, 커피 역시 그렇다.

커피 업계에서는 특별한 안내서나 점수표가 널리 사용된다. 나는 그런 것들이 어느 정도 체계적이고 생각을 적어 놓을 수 있으므로 테이스팅을 시작하려는 사람들에게 아주 유용할 수 있다고 생각한다. 커피 테이스팅에 대해 계속 기록하는 것이 장기적으로 큰 가치가 있다고는 생각하지 않는다. 커피는 변화가 아주 심해서 예전 경험을 다시 찾을 가능성이 별로 없기 때문이다. 같은 농장에서 재배되어 같은 회사가 로스팅한 커피도 매년 조금씩 맛이 달라진다. (하지만 기록을 하면 매년 어떤 농장의 커피 변화를 추적할 수 있다는 점은 인정한다.)

어떻게 시작할까?

비교 테이스팅은 아주 쉽게 할 수 있으며, 추출기의 종류에 상관없이 할 수 있다. 커피 테이스팅은 그 목표가 커피 자체에 대한 평가이기 때문에 엄격하게 표준화되어야 한다. 그 절차에 따라 테이스팅에 맞는 특정한 방식으로 브루잉하면 다수의 장소에서 다양한 커피를 쉽게 반복해서 테이스팅할 수 있다. 하지만 단순히 두 종류의 커피를 비교할 때는 무리하게 똑같은 방식으로 하지 않아도 된다.

내가 자주 추천하는 방법은 프렌치프레스 두 개로 두 종류의 커피를 브루잉하는 것이다. 그러나 프렌치프레스 하나와 드리퍼 같은 추출기 하나를 갖고 있다면, 각각 카페티에(cafetière,

커피:

	향	산미	단맛	바디	끝맛	향미	종합
양	낮은 높은	낮은 높은	낮은 높은	가벼운 무거운	짧은 긴		/10
질	- +	- +	- +	- +	- +		
비고							

커피:

	향	산미	단맛	바디	끝맛	향미	종합
양	낮은 높은	낮은 높은	낮은 높은	가벼운 무거운	짧은 긴		/10
질	- +	- +	- +	- +	- +		
비고							

커피:

	향	산미	단맛	바디	끝맛	향미	종합
양	낮은 높은	낮은 높은	낮은 높은	가벼운 무거운	짧은 긴		/10
질	- +	- +	- +	- +	- +		
비고							

커피:

	향	산미	단맛	바디	끝맛	향미	종합
양	낮은 높은	낮은 높은	낮은 높은	가벼운 무거운	짧은 긴		/10
질	- +	- +	- +	- +	- +		
비고							

프렌치프레스)와 필터추출 커피를 브루잉해도 좋다. 똑같은 커피를 두 가지 기법으로 브루잉하는 것처럼 더욱 구체적인 비교 테이스팅을 해서 구체적인 특징을 체득해도 된다. 하지만 지금은 서로 다른 커피 두 잔만 있으면 된다. 산지가 서로 다른 커피도 괜찮고, 똑같은 커피를 다르게 로스팅한 것도 괜찮다. 또 같은 커피를 두 가지 기법으로 브루잉한 것이어도 된다. 중요한 점은 그저 그 커피들이 서로 다른 것이고 가능한 한 커피를 다르게 만들어 보기 시작한다는 것이다.

일단 커피 두 잔을 만들었다면 잠시 식힌다. 혀가 델 것처럼 뜨거운 커피를 좋아한다고 해도, 비교 테이스팅 연습을 위해서는 따끈한 정도로 식혀야 한다. 그 주된 이유는 우리 미각은 테이스팅하는 대상이 우리 체온과 가까울 때 훨씬 잘 지각하기 때문이다. 단순한 향미라도 아주 뜨겁거나 차가우면 맛을 느끼는 우리의 능력이 크게 떨어진다. 차가운 콜라는 청량하고 균형이 잘 맞으며 달콤하면서도 지나치게 달지 않아야 한다. 그러나 상온의 콜라를 테이스팅해보면 갑자기 그 달콤함이 심히 불쾌하게 느껴진다. 이는 우리 입이 콜라가 상온일 때 그 안에 들어 있는 설탕의 양을 정확하게 감지할 수 있기 때문이다. 커피 테이스팅도 마찬가지다. 뜨거운 커피를 식혀서 테이스팅하면 식은 커피에서 발생하는 향미의 '개방'을 경험할 것이다. 종종 커피 전문가들은 커피의 좋은 맛과 나쁜 맛을 충분히 경험할 수 있도록 커피가 상온으로 식을 때까지 계속해서 테이스팅을 한다.

테이스팅표 활용법

옆쪽에 있는 테이스팅표로 시작해 보자. 구성이 간단하므로 처음 시작할 때는 이 표를 이용하면 좋을 것이다. 모든 항목의 비고를 다 채워야 한다고 생각하지 말길 바란다. 그저 무언가를 적고 싶을 때 적으면 된다. 이 표는 급하게 작성하지 않아도 된다. 이와 같은 테이스팅을 위해 적어도 20분은 할애하길 바란다. 시간이 지나면서, 특히 커피가 식으면 그 맛이 놀랄 정도로 많이 바뀌기 때문이다.

향의 첫 칸은 첫 테이스팅을 위한 선택 사항으로, 테이스팅하기 전에 그 커피에 대한 첫인상을 적는 곳이다. 커피 냄새는 아마 사람들이 가장 즐기는 커피의 특징일 것이다. 심지어 커피 맛을 좋아하지 않는 사람도 커피 냄새를 좋아한다. 커피를 마시기 전에 냄새부터 맡을 때 향이 진한가? 그 향이 마음에 드는가? 지금 딱히 떠오르는 것이 없다면, 당장 묘사하려고 애쓰지 않아도 된다.

테이스팅을 시작하기 위해 커피 맛의 한 가지 면에 초점을 맞출 것이다. 여기에서는 산미를 예시로 들겠다. 산미는 커피의 도전적인 특징 중

하나다. 산미가 주는 커피의 산뜻함과 상쾌함, 촉촉함을 좋아하는 사람이 있는가 하면 불쾌하게 생각하는 사람도 있다. 이 시점에서는 이 산미를 얼마나 좋아하는지에 초점을 맞추는 것이 아니라 그저 첫 잔의 산미가 어느 정도인지를 유념한 뒤 그것을 두 번째 잔의 산미와 비교해야 한다. 어떤 커피의 산미가 더 강한가? 그 차이가 큰가 아니면 미미한가? 산미가 동일하게 느껴지는가? 그다음에는 그 맛이 시고 거슬리는지 아니면 상쾌하고 유쾌한지에 대해 생각할 수 있다. 테이스팅표를 보면 산미가 어느 정도인지는 물론 그것이 얼마나 마음에 드는지도 적을 수 있다. 어떤 사람들은 산미 같은 것이 더 강하다고 해서 항상 더 좋아하지만은 않는다. 하나의 측면에만 집중하면 커피 두 잔 사이에서 갈피를 잡지 못할 수 있다. 일단 두 커피의 차이점을 알았다는 느낌이 들면, 다른 특징에 집중해 보자. 어떤 커피가 더 달콤하게 느껴지는가? 그다음에는 두 커피의 바디(간혹 '입에 넣었을 때의 느낌'이라고 표현됨)에 집중할 수 있다. 더 꽉 차고 묵직한 것이 있는가? 다른 하나는 더 가볍게 느껴지는가?

끝맛은 커피를 삼킬 때 입안에 남는 느낌이다. 커피의 맛이 남아 있는가 아니면 사라지는 것 같은가? 기분 좋은 감각이 남는가 아니면 그 맛을 씻어 내기 위한 물이 필요한가? 다음에는 향미로 넘어가 보자.

향미를 확인할 때는 넓은 범주에서부터 시작하는 것이 좋다. 당신이 처음부터 아주 구체적인 용어 사용을 기대하는 사람은 없다(하지만 어떤 특정 단어가 생각나면 적어 놓는 것이 좋다). 커피에 과일 향이 있는가? 너트나 초콜릿 같은 맛이 나는가? 아니면 그냥 로스팅한 커피 향미만 있는가? 일단 광범위한 범주의 향미가 생각났다면, 범주를 더 자세히 좁혀 들어가면 된다. 과일 향이 있을 경우, 어떤 과일이 연상되는가? 새콤한 감귤류인가? 아삭아삭한 사과인가? 아니면 베리류가 생각나는가? 계속해서 범주를 좁혀 보자. 이렇게 상세한 과정을 돕기 위해 와인이나 커피의 향미표(flavor wheel)가 있다. 하지만 일부 사람들은 이 표를 사용하는 것이 더 어렵게 여겨져서 바로 구체적인 프로파일을 알고 싶어 하기도 한다. 그렇게 해도 문제가 없다. 또 특정 용어를 사용하지 않아도 된다. 한 테이스팅 모임에서 누군가가 썼던 잊히지 않는 표현이 있는데, '말론 브랜도' 같은 커피라는 묘사였다. 당시에 상당히 놀랍고 정확한 이런 표현 방식이 사람들에게 통했다.

테이스팅의 핵심 요점

테이스팅을 마칠 때는 어떤 커피가 왜 좋았는지 더 깊이 생각하는 것이 좋다. 그 커피의 어떤 점이 좋았는가? 이런 식으로 테이스팅을 더 자주 할수록 자신이 즐기는 커피의 맛 프로파일을 더 잘 이해하게 되고, 아침마다 정말 즐길 수 있는 커피를 구매할 확률이 높아질 것이다. 보너스로 비교 테이스팅과 시식은 늘 재미있고, 그 과정에서 초콜릿이든 치즈든 이미 즐기고 있는 음식이나 음료에서 새로운 기쁨을 얻을 수 있으며, 주방에서 더 좋은 레시피를 만들어 내는 데 도움이 될 수 있다. 내 주변에는 무려 40년 동안 커피 관련 일을 해 오면서 여전히 비교 테이스팅을 즐거워하는 사람들이 있다.

노트 공유

테이스팅을 다른 사람과 함께 하려고 할 경우, 친구나 가족을 포함할 것을 추천한다. 테이스팅을 하는 동안에는 자기 경험을 말하지 않는 것이 좋겠다. 누군가가 자기 경험을 큰 소리로 말한다면 다른 사람들도 그 영향을 받아 다른 것을 테이스팅하기가 더 어려워진다. 경험 많은 테이스터들도 거기에 흔들리기 쉽다. 하지만 테이스팅을 마쳤다면, 무조건 기록을 비교하고, 서로 일치하거나 일치하지 않는 점을 이야기하고, 테이스팅을 계속하는 것이 좋다. 74~75쪽에서 설명했듯이 우리 뇌가 커피 테이스팅의 경험을 분석하고 다시 짜 맞추는 과정은 사람마다 다르다. 따라서 '옳은' 경험을 했다거나 '바른' 단어를 쓰는 사람은 아무도 없다.

4

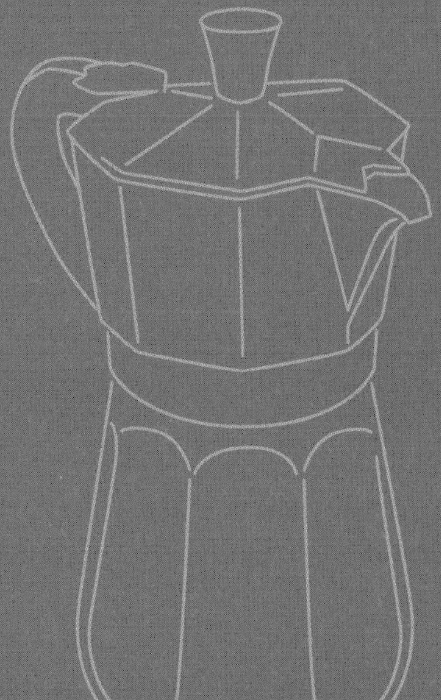

HOW TO BREW GREAT COFFEE

맛있는 커피를 브루잉하는 법

사람들은 커피를 마시면서 다양한 브루잉 방법을 실험해 왔다. 브루잉 발명품들이 수없이 많이 고안되었고, 그중 놀랄 정도로 많은 것들이 인기를 얻었다. 이는 더 맛있는 커피 만드는 법을 이야기하려면 프렌치프레스만큼 에어로프레스에도 어떻게 적용될 수 있는지를 생각해야 한다는 뜻이다.

여기에서는 다양한 추출기들에 대해 자세히, 단계적으로 다루겠지만, 그 전에 커피 브루잉에 대해 일반적인 설명부터 하겠다. 그렇게 하면 여러분이 처음 보거나 여기에서 다루지 않은 추출기를 마주하게 되더라도, 금세 훌륭한 커피를 만들 수 있을 것이다.

그보다 중요한 것은 커피를 만드는 데 옳은 방법도, 틀린 방법도 없다는 사실이다. 이 점은 아무리 반복해서 말해도 지나침이 없을 정도로 중요하다. 새로운 도구나 기술, 아이디어를 시도하며 이것저것 해보는 것이 재미있을 때가 있다. 내가 제시하려는 것은 되도록 법석대지 않고 불필요한 작업을 하지 않으면서 훌륭한 커피를 추출하는 기술이다. 바라건대 그 기술이 여러분의 기본 기술이 되어야 한다. 그 후에 커피 브루잉을 더욱 잘 이해하게 되면 기분이 내킬 때 편안하게 다른 기술을 익혀도 된다. 그리고 그냥 커피가 마시고 싶으면 그 기술들을 써서 맛있게 만들어서 마시면 된다.

The Universal Theory Of Coffee Brewing

커피 브루잉에 대한 일반적인 설명

제4장에서는 훌륭한 커피를 브루잉하는 기본 방법과 이유를 설명하려고 한다. 그 원칙은 모든 추출 방법에 적용되므로, 에스프레소를 만들려는 사람도 반드시 읽어 보는 것이 좋다.

생두를 원두로 로스팅하는 과정에서 커피 열매의 씨앗은 완전히 바뀐다. 즐거움과 흥미를 돋우는 커피의 근간인 냄새와 향이 생성될 뿐만 아니라 커피콩이 부서지기 쉬운 다공질 상태로 변한다. 로스팅한 커피콩을 조각내 보면 생두일 때보다 표면적이 더 넓은데, 브루잉을 할 때 커피 향미가 얼마나 많이 추출되느냐를 주로 결정하는 것이 바로 표면적이다. 이제 간단한 계산이 나온다. 이것을 알면 더 맛있는 커피를 만드는 데 또는 왜 나쁜 맛이 나는지를 이해하는 데 큰 도움이 된다.

추출에 대한 이해

일반적인 분쇄 커피의 경우 약 70퍼센트가 불용해성이기 때문에, 일 회분의 분쇄 커피를 아무리 추출해도 마지막에는 버려야 하는 커피 찌꺼기가 생길 수밖에 없다. 물에 녹을 수 있는 것은 커피의 향미를 구성하는 화합물이다. 이론적으로 최대 추출률은 브루잉하는 커피의 30퍼센트 정도인 것으로 여겨졌다.

커피 업계에서는 맛있는 커피가 될 수 있는 이상적인 추출률에 대해 18~22퍼센트 정도라고 말했다. 추상적인 개념일 수 있으므로 숫자를 넣어 계산해 보자.

물 500그램으로 커피 30그램을 필터추출하는데, 그 커피의 추출률이 20퍼센트라고 가정해 보자. 추출 후 남은 커피를 오븐에서 아주 천천히 건조해서 머금었던 수분을 모두 날려 보내면, 원래 무게의 80퍼센트인 24그램밖에 안 될 것이다. 사라진 6그램은 브루잉한 커피에 녹아 있으며 여기에서 색깔과 향, 향미가 나온다.

커피 추출의 목표 범위를 알아내기 위해 과거에는 이렇게 분쇄 커피를 오븐 건조하는 방식으로 측정했다. 그러나 최근 십여 년 동안 굴절계(액체 속의 농도를 측정할 수 있는 기구)를 사용하는 현대 기술이 도입되어 이제는 액상 커피를 측정할 수 있다. 이는 커피의 굴절률을 농도로 바꾸어 표현할 수 있다는 뜻이다.

앞에서 든 예시에서 굴절계가 1.36퍼센트의

농도를 나타냈다고 해 보자. 측정한 액상 커피의 무게가 440그램이라면(물의 일부가 분쇄 커피에 흡수되었으므로 처음에 사용한 500그램은 아니다), 추출된 커피의 무게를 쉽게 계산할 수 있다(440g×0.0136≒6g). 그러므로 추출률은 6g/30g(처음 분쇄 커피의 양)이고, 이것은 20퍼센트다.

우리는 액상 커피를 건조하고 남은 것을 측정하면 된다. 이것이 인스턴트커피 제조 방식이다(아주 간단하게 설명하면 그렇다). 물에 완전히 녹는 인스턴트커피는 브루잉을 해 동결건조한 뒤, 신선한 분쇄 커피처럼 보이게 작은 알갱이로 만들어 포장된 제품이다.

커피 업계의 주된 관심은 추출량 측정이다. 이것을 이용해 카페에서 음료의 연구 개발이나 진단, 표준화가 이루어지기 때문이다. 그러나 우리가 이것을 알아야 하는 이유는 아주 중요하면서도 일반적으로 사용되는 용어인 과소추출(underextraction)과 과다추출(overextraction) 때문이다.

과소추출과 과다추출

예전 정의에 따르면 과소추출은 총추출량이 목표 범위보다 적게 추출된 것이고, 과다추출은 목표 범위 이상으로 추출된 것이었다. 하지만 커피를 브루잉할 때 어떤 일이 일어나는지를 더 깊게 이해하게 되면서 그런 용어가 어떻게 사용되고 있고 그 진정한 의미는 무엇인지에 대해 재평가가 이루어졌다.

과소추출과 과다추출을 단순하게 정의할 때의 단점은 왜 브루잉한 커피의 맛이 없을 수 있는지가 이해되지 않는다는 것이다. 과거에는 과소추출을 해결하기 위해 커피를 더 곱게 분쇄했다. 반대로 과다추출은 좀 더 굵게 분쇄했다. 처음에는 이런 방법이 꽤 합리적으로 보였다. 커피를 굵게 분쇄할수록 총 표면적이 적어지므로 커피 안에 담긴 향미에 접하는 물의 양이 줄어든다. 그러나 실망스럽게도 현실 세계에서는 이런 방식으로 문제의 맛없는 커피를 해결하지 못했다.

Grind size Guide

분쇄도

When Coffee Tastes Bad 커피 맛이 좋지 않을 때

이 경우에는 과소추출 및 과다추출과 관련된 향미에 관해 이야기하는 것이 도움이 될 것이다. 과소추출된 커피는 일반적으로 매우 묽으며, 불쾌한 산미 또는 신맛이 두드러진다. 한편 과다추출된 커피는 쓴맛과 떫은맛이 강하고 뒷맛이 불쾌하다.

오랫동안 사람들은 분쇄 커피를 향미가 너무 약하지도, 진하지도 않고 균일하게 추출되는 커피로 취급하는 실수를 했다. 그러나 많은 경우에 맛이 나쁜 커피가 나오는데, 이는 향미가 충분히 추출되지 않은 부분이 있는가 하면 너무 많이 추출된 부분도 있는 등 향미가 고르게 추출되지 않았기 때문이다. 이 책에서 반복해 언급될 브루잉 기술에서 중요한 사실들 가운데 하나는 커피를 가능한 한 고르게 추출해야 한다는 것이다.

고른 추출을 추구하는 것은 빠져나오기 힘든 토끼굴에 빠진 것과 같다. 처음에는 투자 대비 좋은 결과를 얻지만, 점점 고른 추출에 가장 적합한 조건을 추구하게 된다. 그래서 그라인더나 추출기, 에스프레소 머신에 수백만 원까지 쓰게 된다. 인생의 많은 일들이 그렇듯이 간단한 기술 몇 가지만 익히면 맛있는 커피를 아주 쉽게 만들 수 있다. 하지만 마지막 2~3퍼센트까지 채워서 최고의 커피를 추구한다면 학습 곡선은 훨씬 가파를 것이다. 다수는 이런 최후의 몇 단계를 올라가는 데 별로 관심이 없지만, 일부는 큰 비용이 들어도 거기에서 큰 기쁨을 얻는다.

고른 추출은 브루잉 방법뿐만 아니라 브루잉하는 커피도 관계가 있다. 분쇄된 알갱이의 크기가 일정치 않으면 고른 추출을 하기가 정말 어렵다. 블레이드 그라인더(54쪽 참조)로 분쇄하면 입자 크기가 고르지 않기 때문에 고른 추출이 거의 불가능하다. 그래도 약간의 팁과 요령이 있으면 어느 정도 좋은 결과를 얻을 수 있긴 하다. 옆쪽의 사진을 보면 추출 방법별로 적합한 분쇄 커피의 크기가 얼마나 다른지 알 수 있다. 여러 종류의 추출기에 대한 보다 자세한 내용은 다음 장에서 살펴보겠지만, 분쇄하고 있는 커피 알갱이의 크기가 어떠하든 중요한 것은 균일해야 한다는 것이다.

How to Control Extraction 추출을 제어하는 법

분쇄 커피의 추출에 변화를 주는 방법은 크게 두 가지다. 분쇄 방식을 바꾸는 것과 추출할 때 사용하는 물의 양을 조절하는 것이다. 이 두 가지를 먼저 설명한 뒤 다른 주요 변수들에 대해서도 알아보겠다.

분쇄 커피에서 향미를 추출하는 데 물이 특별히 좋은 것은 아니다. 사실 물은 커피 입자의 표면으로 노출된 것을 씻어 낼 뿐이다. 일정량의 커피를 곱게 분쇄할수록 노출되는 표면적은 커진다. 이론적으로는 이 표면적만이 유일한 변수지만, 입자가 고울수록 완성된 커피에서 커피 찌꺼기를 분리하기가 더 어려워진다. 종이 필터를 사용할 경우, 중력이 작용하기 시작해 물은 모래주머니 역할을 하는 아주 고운 커피 층을 힘들게 통과할 것이다. 여기에서 최악의 경우는 커피 층에 물길이 생겨서 그곳으로 더 많은 물이 흐르는 것이다. 이는 물길 옆에 있는 커피에서는 아주 많이 추출(과다추출)될 것이며 나머지 커피에서는 추출액의 비율보다 낮게 과소추출된다는 뜻이다.

여기에서 추출하는 물의 양이 두 번째 중요한 변수로 등장한다. 커피를 추출할 때 물은 향미의 용매로 작용한다. 용매를 많이 사용할수록 용해될 향미가 많아진다. 예를 들어 두 개의 프렌치프레스로 같은 커피를 추출하는데 한쪽에만 물을 추가했을 경우, 추출액이 더 많은 커피가 더 묽을 것이다. 하지만 추출량을 측정하면 물을 추가한 찌꺼기에서 더 많은 용해성 물질이 추출되었음을 알 수 있다. 필터추출 커피의 경우 더 많은 물로 브루잉하면 향미가 더 많이 추출된다는 것이 더욱 분명해진다. 추가로 브루잉한 커피에 색깔과 향미가 있고 더 많이 추출되고 있음을 알 수 있다.

좋은 원두와 깨끗한 물이 준비되어 있고 그 원두를 버 그라인더(54쪽 참조)로 분쇄했는데 추출한 커피 맛이 좋지 않다면, 문제의 원인은 이 두 가지 변수(분쇄 방식과 물의 양) 중 하나일 가능성이 75퍼센트다. 이 때문에 커피를 추출할 때 저울이 정말 유용한데(53쪽 참조), 커피의 주요 특징을 알려 주고 조절해 주기 때문이다.

Temperature 온도

물의 온도는 커피 브루잉에 큰 영향을 미친다. 하지만 아무리 그렇다 해도 약간 과장된 듯한 느낌이 있다.

물이 뜨거울수록 커피/향미가 더 많이 추출되지만, 이것이 바람직하지 않을 수도 있다. 라이트 로스팅 커피는 다크 로스팅 커피보다 용해성이 낮고, 다크 로스팅 커피에는 쓴맛을 내는 화합물이 더 많이 함유되어 있다. 다크 로스팅 커피를 아주 뜨거운 물로 브루잉을 하면 진하고 상당히 쓴 커피가 나올 것이다. 그래서 나는 아주 라이트한 로스팅 커피에는 거의 끓는 물을, 미디엄 로스팅 커피에는 섭씨 90~95도의 물을, 다크 로스팅 커피에는 섭씨 80~90도의 물을 사용하라고 권한다. 이때 온도는 주전자에 담긴 물의 온도다. 프렌치프레스나 드립커피에서 브루잉을 하는 동안 물의 온도는 주전자에 있을 때보다 상당히 낮아진다.

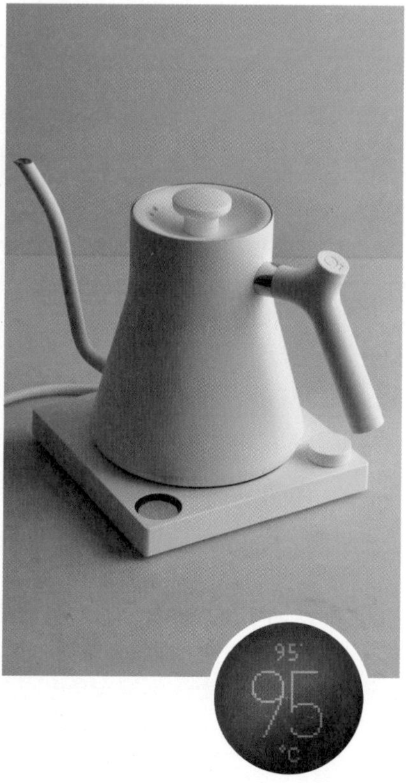

로스팅 단계별 물의 온도

아주 라이트한 로스팅: 섭씨 95~100도

라이트 로스팅: 섭씨 92~100도

미디엄 로스팅: 섭씨 85~95도

미디엄-다크 로스팅: 섭씨 80~90도

다크 로스팅: 섭씨 80~85도

Evenness 균일성

사실 이 특성은 꼭 다루어야 하는 변수는 아니며, 그보다는 추출의 가변적인 결과물에 가깝다.

균일성은 분쇄 커피가 거의 동량의 물과 상호작용하는 것과 관계가 있다. 사실상 정말로 균일하게 추출하는 것은 불가능하다. 커피는 가장 비싸고 좋은 버 그라인더로 분쇄해도 어느 정도의 크기로 분쇄되는 동안 부서지고 깨질 수밖에 없다. 그래도 우리는 아주 만족스러운 커피를 만들 수 있으므로, '만약 입자가 더 균일했다면 어땠을까?'라는 생각을 잠재워야 한다.

브루잉 기술을 연습하거나 새로운 아이디어를 시험해 볼 때, 이런 변화나 절차가 브루잉한 커피의 균일성에 어떤 영향을 줄 수 있는지에 유념해야 한다. 보다 균일하게 브루잉된 커피는 대개 균일성이 단맛에 치중되고, 신맛이나 떫은맛, 쓴맛이 덜해져서 단맛이 더 나는 경향이 있다. 하지만 지금 나는 균일성에 대해 자세히 설명하고 강조하려는 것이 아니다. 대부분 균일성 문제를 통해 브루잉한 커피에 분명히 결점이 있을 때 그 이유를 알아보려고 하는 것이다.

굴절계 수치(88~89쪽 참조)를 보는 것보다는 기본적인 쓴맛과 신맛을 이용하면서 항상 테이스팅을 하고 조정하는 것이 더 중요하다. 브루잉의 포인트는 기술 시험을 통과하는 것이 아니라 커피를 마시는 것이기 때문이다. 브루잉을 하는 것이 즐겁고 커피가 다 만들어졌다는 사실이 약간 아쉬워도, 지금은 그냥 완성된 커피를 즐기고 다음에 브루잉을 할 때도 똑같이 만들어 보는 것을 목표로 하면 된다. 어떻게든 더 나은 커피를 만들기 위해 하나하나 검토하고 끊임없이 반복하지 않아도 된다. 이런 생각이 도전적일 수 있고 동시에 행복을 앗아갈 수도 있으며, 아침에 브루잉을 하면서 그렇게 애쓰고 싶은 사람은 없기 때문이다.

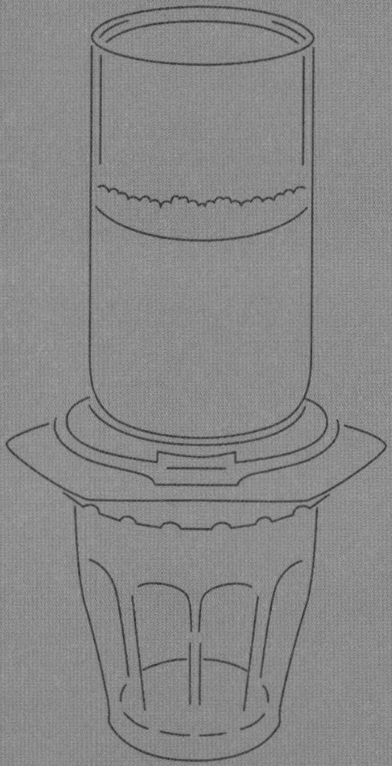

How to Get The Best From Your Brewer

추출기별로 최고의 커피를 내리는 법

French Press 프렌치프레스

프레스팟 추출기(또는 프렌치프레스)는 과소평가 받는 것 같지만, 다행히 인기는 아주 높다.

현재 그 인기가 떨어져 수납장 안에서 먼지만 쌓여 있을 수도 있지만, 프렌치프레스로 커피를 만드는 방법은 놀라울 정도로 간단하다. 프렌치프레스의 역사는 약간 헷갈리기 쉬운데, 가장 널리 알려진 이름이 프렌치프레스이기 때문이다. 이런 종류로 특허를 받은 최초의 추출기는 1852년에 마이어(Mayer)와 델포르주(Delforge)라는 프랑스인 두 명이 만든 것이었다. 그러나 이 디자인은 상업적으로 성공을 거두지 못했다. 그 후 1929년에 특허받은 아틸리오 칼리마니(Attilio Calimani)의 추출기가 일반적으로 추출기의 기원으로 평가되었다. 하지만 칼리마니는 이탈리아인이었기 때문에 여기에서 헷갈린다. 이 추출기는 처음에 프랑스에서는 샹보르(Chambord)로 알려지며 인기를 끌었고, 영국에서는 라카페티에르(La Cafetière)라는 이름으로 출시되었다. 둘 다 지금도 존재하는 브랜드다.

사용 방법

원두/물의 비율: 60~70그램/리터

분쇄도: 중간 또는 중간보다 곱게

구매 팁: 상징적인 카페티에르는 유리로 되어 있으며, 구입할 수 있는 프레스 제품 대부분도 몸체가 유리다. 그러나 나는 예산이 허락한다면 이중으로 된 스테인리스스틸 제품을 추천한다. 그 이유는 두 가지인데 우선 유리 제품과 달리 스테인리스스틸 제품은 깨지지 않는다. 유리 제품도 비싼 것이면 더 좋은 강화유리로 되어 있지만 스테인리스스틸 제품은 영구적으로 사용할 수 있다. 두 번째는 브루잉 시간이 길어질 때 온도가 떨어지는 것이 걱정되는 사람들을 위해서다. 이중 스테인리스스틸 프레스기는 보온 기능이 유리보다 훨씬 좋다. 스테인리스스틸 제품으로 추출하면 맛이 약간 떨어진다거나 금속 맛이 날 수 있다고 말하는 사람들도 있지만, 나는 블라인드 테스트에서 어떤 차이도 느끼지 못했다. 하지만 나와 달리 특별히 민감한 사람이 있을 수는 있다.

관리: 브루잉 후에는 반드시 물과 세제로 세척해야 한다. 어떤 이유에서든 추출기에 갈색의 커피 자국이 생기기 시작하면, 아주 뜨거운 물 1리터에 에스프레소 머신용 세제 1테이블스푼(10그램)을 녹여 몇 시간 담가 놓은 후 깨끗이 헹구어 낸다. 나는 카피자(Cafiza) 제품을 사용하지만 다른 제품도 효과가 좋다.

브루잉 순서

1 브루잉하기 직전에 원두를 분쇄한다. 프레스기를 저울에 올려놓고 분쇄 커피를 프레스기에 담는다. 저울의 영점조절을 한다.

2 물을 끓인다(물의 온도는 94쪽 참조). 커피 위에 필요한 양의 물을 붓고 4분 동안 우린다.

3 큰 스푼으로 표면에 만들어진 크러스트를 부드럽게 저어준다.

4 큰 스푼 두 개로 거품과 떠다니는 커피 가루를 떠낸다. 취향과 얼마나 급한지에 따라 3~5분 동안 기다린다. 오래 기다릴수록 좋다. 기다리는 동안 분쇄된 원두, 특히 미세한 원두가 추출기의 바닥에 더 많이 가라앉을 수 있다.

5 프레스 기구를 넣어 그물망이 커피 추출액의 수면에 닿을 때까지 눌러준다. 절대 프레스 기구를 바닥까지 누르면 안 된다. 누를 때 가라앉았던 커피 가루가 떠오를 텐데, 이 때문에 원하지 않게 커피 가루가 커피잔에 들어갈 수 있다.

6 커피 추출액을 조심스럽게 따른다. 될 수 있는 한 커피 가루가 많이 안 들어가도록 본체를 주의 깊게 지켜보다가 추출액에서 커피 가루가 더 많이 보이면 멈춘다.

이제 커피를 즐긴다.

▶ 조정

프렌치프레스로 브루잉할 때의 즐거움은 기술을 거의 구사하지 않고 브루잉을 얼마나 잘하느냐에 있다. 앞에서 설명한 기술은 추출의 균일성을 걱정하거나 브루잉 방법을 조정하는 것보다 침전물의 양을 줄이는 것에 초점을 맞춘 방법이다. 이러한 우리기/침전 브루잉은 일반적으로 균일한 브루잉에 아주 좋고 브루잉할 수 있는 분쇄도의 범위가 상당히 넓다. 굵은 입자는 좀 더 오래 우려야 하지만, 아주 미세한 입자의 경우 침전물이 없는 추출액을 얻기가 더 어렵다. 추출액이 연하고 불쾌한 신맛이 나면 다음번에는 좀 더 곱게 분쇄하는 것이 좋다. 또 추출액이 지나치게 진하거나 쓴맛이 날 경우, 좀 더 굵게 분쇄하면 균형이 맞을 것이다.

종이나 천으로 된 필터보다는 금속 필터를 사용해 고급 프렌치프레스의 질감을 향상하고 싶어 하는 사람들이 있다. 하지만 금속 필터는 커피의 오일 성분과 떠다니는 작은 조각들을 잘 거르지 못하기 때문에 추출액에 섞인다. 원두의 비율을 조금 더 늘릴 수 있지만(70그램/리터 정도), 적절하지 않은 추출을 교정하려고 이렇게 하는 것은 주저된다. 원두량의 조절은 커피 맛이 좋지만 좀 더 진한 커피를 원할 때만 하도록 한다.

V60

이 추출기는 아마 현대의 스페셜티 커피의 추세와 가장 관계가 있을 것이다.

이 추출기는 가정과 업소 모두에서 볼 수 있으므로, 브루잉을 할 때 필수적인 기본 도구로 간주될 수 있다. 원뿔 모양의 이 추출기는 일본의 하리오(Hario)사에서 제작되었으며, 그 명칭은 옆면의 각도가 60도라서 붙여졌다. V60은 간단한 추출기로 쉽게 사용할 수 있으면서도 아주 훌륭한 커피를 추출할 수 있다. 이 제품은 가정용 추출기 시장에는 비교적 늦게 등장해 2004년에 출시되었지만, 하리오 사는 1921년에 설립되어 역사가 길다.

이 추출기를 사용할 때 지켜야 할 기본 사항이 있다. 그것은 커피 전량을 동시에 브루잉하기, 커피 층을 휘저어질 정도로 적정량의 물을 붓기, 추출이 끝났을 때 커피 층 표면이 평평한지 확인하기다.

나는 다양한 추출기를 사용하지만 특히 V60은 훌륭한 벤치마크 도구다. 종이 필터를 사용하기 때문에 추출액이 맑고, 늘 일관되게 브루잉할 수 있다. 분쇄 커피의 입자 크기는 미세한 것(내가 즐기는 크기)이 좋다. 이제 V60을 최대한 이용할 수 있는 몇 가지 중요한 팁과 기술이 있다. 처음에는 약간 까다로워 보일 수도 있지만, 사실 그렇지 않다. 그냥 기본에만 집중하면 된다.

사용 방법

원두/물의 비율: 60그램/리터

분쇄도: 중간 또는 중간보다 곱게

구매 팁: 처음에는 플라스틱으로 된 제품을 고른다. 가격이 가장 싸기도 하지만, 유리나 금속, 세라믹 제품보다 브루잉도 더 잘 되고 보온성도 더 좋다.

종이 필터가 브루잉 시간에 큰 영향을 줄 수 있다는 점을 유념해야 한다. 하리오사는 여러 제지회사로부터 다양한 종이 필터를 공급받고 있으며, 일부 필터는 상대적으로 브루잉이 더 빨리 된다. 그 외의 제지회사들에서도 품질이 아주 좋은 종이 필터가 생산된다. 무엇보다도 나는 표백하지 않은 갈색 필터보다 흰색의 표백 종이 필터를 추천한다. 표백하지 않은 종이를 사용하면 커피에서 종이 맛이 날 수 있는데, 많은 사람이 이것을 좋아하지 않는다.

V60 브루잉 표

이 방법은 물 붓기를 크게 두 번 할 때 가장 효과적이며, 물의 양은 만들려는 추출액의 양에 비례한다. 아래 표는 일반적인 브루잉의 양에 대한 분석이다.

중요!

이 수치는 각각의 물의 양이 아니라 누적 무게로, 본래 커피를 만들 때 저울에 표시되어야 하는 수치다.

1회 커피양		15g		20g		30g	
시간 (m)	단계	추가된 물 (g)	누적 추출액 (g)	추가된 물 (g)	누적 추출액 (g)	추가된 물 (g)	누적 추출액 (g)
0:00~0:45	블루밍	30~40	30~40	40~50	40~50	60~80	60~80
0:45~1:15	1차 붓기	110~120	150	150~160	200	220~240	300
1:15~1:45	2차 붓기	100	250	130	330	200	500

브루잉 순서

1 뜨거운 물로 필터를 적신다. 수돗물이 브루잉에 적합하고 온수가 뜨겁다면, 바로 받아서 써도 된다. 이 과정은 필터에서 종이 맛을 씻어 낼 뿐만 아니라 추출기(드리퍼)를 데우는 역할도 한다. 라이트 로스팅 커피일수록 물이 뜨거워야 한다.

드리퍼를 컵이나 카라페 위에 놓는다.

브루잉을 하기 직전에 커피를 분쇄한다. 드리퍼 가운데에 분쇄 커피를 넣고, 손가락이나 스푼을 이용해 작은 화산 모양의 웅덩이를 만든다.

2 물을 끓여서 바로 사용한다. 소량의 물을 커피에 붓는다. 커피를 모두 적셔서 부풀어 오르게 하고 이산화탄소를 배출시킨다. 이 단계를 블루밍이라고 하며, 일반적으로 커피 1그램당 물 2그램을 부으면 된다. 하지만 커피를 좀 더 적시고 싶다면 조금 더 부어도 된다.

3 물을 붓자마자 드리퍼를 들어 올려 원을 그리며 돌려서 커피와 물이 완전히 섞이도록 한다. 덩어리나 큰 거품이 생기는 것이 보이면 추출기를 좀 더 돌려 준다.

약 45초 동안 커피를 그대로 둔다. 그 시간 동안 휴지 중인 빵 반죽처럼 커피가 부풀어 오르는데, 이때 물이 컵으로 흘러내려도 걱정할 필요가 없다.

4 이제 1차 물 붓기를 하는데, 약 30초 동안 붓는 것이 목표다. 1차 붓기에서 전체 물의 60퍼센트를 붓도록 한다. 두 잔용 드리퍼에 한 잔을 브루잉하는 것이 아니라면, 이즈음에는 드리퍼에 어느 정도 물이 찼을 것이다. 물이 고르게 침투하도록 천천히 원을 그리면서 붓는다.

5 다음 단계에서는 또다시 30초 동안 남은 물을 모두 붓는다는 목표로 천천히 붓는다. 이번에도 천천히 원을 그리면서 붓는다.

물을 다 부었으면, 숟가락(크기 상관없음)을 들고 한 방향으로 원을 그리며 저어준 뒤 반대 방향으로도 저어준다. 이렇게 하면 커피 가루가 드리퍼의 안쪽 면에 달라붙지 않는다.

6 드리퍼의 물이 3분의 2 정도 빠지면 드리퍼를 들어 올려 부드럽게 한 번 돌려준다. 이번에도 커피 가루가 추출기의 안쪽 면에 달라붙지 않게 하는 것과 커피 층이 평평해지는 데도 도움이 된다. 또한 균일한 추출에도 도움이 된다.

드리퍼에서 물이 다 빠지면 종이 필터와 커피를 버리고 맛있는 커피를 즐기면 된다.

▶ 조정

물 붓는 기술을 잘 구사할 수 있으면, 가장 집중해야 할 분야는 분쇄다. 많은 사람이 V60으로 커피를 잘 내리려면 곱게 분쇄해야 한다는 사실에 놀란다. 처음 얼마간은 매번 곱게 분쇄해서 맛이 좋을 것이다. 그러다가 추출액이 약간 거슬리게 쓰고 뒷맛이 불쾌하게 느껴질 수 있다. 이런 느낌은 아주 갑자기 느껴지는데, 이는 분쇄를 너무 곱게 했다는 표시이므로 입자를 약간 굵게 분쇄하면 된다.

브루잉 시간이 갑자기 바뀌었는지 확인하기 위해서 브루잉 시간을 기록해 놓으면 좋다. 커피를 바꾸면 브루잉 시간이 바뀔 수 있으며, 이것은 다음 브루잉 때 더 맛있는 커피를 만들기 위해 어떻게 분쇄해야 하는지(더 굵게 또는 더 곱게)를 어느 정도 알려 줄 수 있다. 종이 필터도 제품마다 차이가 있고 브루잉 시간에 영향을 주기 때문에, 여기에서는 브루잉 시간을 3분~4분 30초라고 대략으로 말할 수밖에 없다. 그래도 너무 많이 걱정하지 않아도 된다. 추출을 크게 좌우하는 것은 분쇄와 물 붓기 기술이며, 물의 흐름을 늦추는 종이 필터로 인한 브루잉 시간의 차이는 커피 맛에 별로 중요하지 않다.

The Melitta 멜리타

제작회사의 이름에서 유래한 멜리타 드리퍼는 종이 필터를 사용하는 필터 추출기의 선구자였다.

원래 벤츠사가 발명해 1908년에 특허받은 제품은 종이 필터를 끼우는 원형 드리퍼였다. 1936년에 멜리타사가 원뿔형 추출기와 거기에 맞는 종이 필터를 출시했고, 그때 이후로 디자인은 많이 바뀌지 않았다. 멜리타사는 흰색 종이 필터 생산을 위해 다양한 혁신을 꾀했다. 그중에는 1992년에 개발된 산소 표백 공정도 있는데, 이 공정은 현재 많은 제조업체에서 널리 채택되어 사용되고 있다.

사용 방법

원두/물의 비율: 60그램/1리터

분쇄도: 중간 또는 중간보다 곱게

구매 팁: 흥미롭게도 이 드리퍼의 모양은 수동 필터추출 추출기보다는 전기 커피메이커에서 더 흔하게 볼 수 있다. 멜리타와 몇몇 회사에서 이 모양의 드리퍼가 나오는데, 세라믹뿐만 아니라 플라스틱 제품도 있다. 플라스틱 제품은 아주 얇은 필름 같은 느낌이기 때문에 보온성이 좋아도 갖고 싶은 마음은 잘 들지 않는다. 일반적으로 세라믹 제품은 아주 멋져서 추천하기도 좋다. 멜리타 드리퍼에는 자사 종이 필터도 좋지만, 필트로파(Filtropa) 종이 필터를 사용할 것을 추천한다

기술 차이

솔직히 V60 사용 기술과 많이 다르지 않다(104~105쪽 참조). 하지만 멜리타 드리퍼에는 추출액이 통과할 수 있는 작은 구멍이 바닥에 한 개만 있어서, 분쇄 입자의 크기와 물을 붓는 시간이 같아도 총 브루잉 시간이 V60보다 좀 더 길다. 여기에는 종이 필터도 한 역할 한다. 맛을 보고 필요하면 분쇄도를 약간 조정한다.

Kalita 칼리타

칼리타는 바닥이 평평한 드리퍼 중에서 가장 대표적이다.

칼리타는 지금도 가장 일반적으로 사용되는 평평한 바닥의 드리퍼다. 많은 사람이 칼리타 드리퍼의 종이 필터를 고를 때 기본적으로 자사의 물결 스타일 필터를 선택한다. 현재는 칼리타 외에도 바닥이 평평한 드리퍼를 만드는 회사들이 있으며, 이 스타일은 특히 지난 십 년 동안 큰 인기를 얻었다. 사람들이 업소용 고급 드리퍼처럼 커피 층이 평평하면 더 균일하게 추출된다고 생각했기 때문이다. 어느 추출기나 기술과 수월성 면에서 장단점이 있으므로 특정 스타일의 드리퍼가 다른 것보다 더 낫다고 주장하기는 어렵다.

사용 방법

원두/물의 비율: 60그램/1리터

분쇄도: 중간 또는 중간보다 곱게

구매 팁: 금속 재질의 칼리타 제품이 인기가 있으며 일반적으로 가격도 저렴한 편이다. 그러나 현재는 에스프로(Espro)나 펠로우(Fellow), 에이프릴(April) 같은 회사에서 비슷하지만 크기나 디자인이 다양한 드리퍼가 많이 나와 있다. 이런 드리퍼들은 모두 기능은 좋지만, 여기에 맞는 종이 필터가 흔하지 않아서 비싸거나 구입하기가 힘들 수 있다.

기술 차이

V60 기술(104~105쪽)의 두 가지 특징이 칼리타에는 잘 맞지 않는데, 그것은 블루밍 단계와 물 붓기 단계에서 드리퍼를 돌리는 것이다. 그 이유는 종이 필터가 물결 스타일이라 추출액이 잘 움직이지 못하기 때문이다. 바닥이 평평한 드리퍼는 지금까지 설명한 그 어떤 추출기보다도 물 붓기를 잘하면 좋은 결과를 얻을 수 있다. 여기에서는 물이 커피 층에 고르게 분포해야 하므로, 블루밍 단계와 브루잉 단계에서 어떻게 물을 붓느냐가 중요하다. 꾸준히 느리게 원형을 그리며 부어야 한다. 물을 붓는 곳에 주의를 기울이면서 빠트리는 부분이 없도록 물을 부어야 한다.

Chemex 케멕스

케멕스는 1941년 피터 슐룸봄(Peter Schlumbohm) 박사가 발명한 추출기다. 슐룸봄은 독일에서 미국으로 이주한 화학자인데, 이주한 이유 중에는 미국의 특허법도 있었다.

슐룸봄은 300개가 넘는 다양한 아이디어와 발명품에 대한 특허를 받았고, 그중에서 가장 성공한 불후의 품목이 바로 케멕스 추출기다. 드리퍼와 하부 서버가 이어져 있는 케멕스 추출기의 상징적인 디자인은 유리 재질이며 원래 가운데 목 부분이 나무로 감싸여 있고 묶을 수 있는 끈이 있어서 매력적이고 멋스럽다. 추출액의 특징 대부분은 자사의 아주 두꺼운 종이 필터에서 비롯한다.

사용 방법

원두/물의 비율: 60그램/1리터

분쇄도: 중간

구매 팁: 전통적으로 두 가지 디자인이 있는데, 목 부분이 나무로 감싸여 있는 것과 유리 손잡이가 있는 것이다. 둘 다 장단점이 있어서 하나를 고르기가 쉽지 않다. 보기에는 나무 디자인이 더 좋지만, 세척을 위해 나무를 빼고 끼우는 것이 귀찮다. 유리 손잡이 디자인은 세척이 간단하나 손잡이가 깨지기 쉬워 상대적으로 오래 사용하지 못할 수 있다. 사이즈가 작은 추출기는 구매하지 않는 것이 좋다. 큰 사이즈의 추출기에 비해 추출액의 품질이 떨어지고 크기 비율도 그만큼 예쁘지 않다.

기술 차이

케멕스 추출기의 사용 기술은 V60(104~105쪽 참조)과 크게 다르지 않지만, 몇 가지 주의해야 할 사항이 있다. 먼저 종이 필터가 다른 추출기 필터에 비해 꽤 두꺼워서 브루잉 시간이 길다. 그래서 나는 다른 필터추출기를 사용할 때보다 원두를 좀 더 굵게 분쇄한다. 두 번째, 종이 필터가 유리와 깔때기에 달라붙을 수 있다. 이렇게 되면 공기가 추출기의 바닥을 빠져나가지 못하고 필터에 있는 추출액에 공기압이 생겨서 브루잉이 멈춘다. 깔때기에 필터가 붙지 않도록 하고, 아니면 붙는 것을 방지하기 위해 사진처럼 깔때기에 젓가락 같은 것을 끼운 채 브루잉해도 된다.

Clever Dripper 클레버 드리퍼

클레버 드리퍼는 1997년에 대만에서 특허를 받았지만, 적어도 십 년 동안은 크게 성공하지 못했다.

클레버 드리퍼의 원리는 아주 간단하다. 이 추출기는 멜리타처럼 원뿔형이지만 그보다 크고, 드리퍼 바닥에 마개가 있어서 드리퍼를 조리대나 저울 위에 놓으면 마개가 닫힌다. 하지만 드리퍼를 머그잔 위에 놓으면, 구조상 마개가 위로 밀려 올라가서 브루잉되는 커피가 아래로 흐른다. 그 덕분에 침지식과 여과식이 혼합된 브루잉을 할 수 있다. 마개가 막혀 있는 동안에는 물에 커피가 아주 균일하게 침지되어 있다.
이 단계에 이어서 여과를 하면 아주 수월하게 훌륭한 커피를 내릴 수 있다. 브루잉하는 동안 시간을 들여 물을 붓지 않아도 된다. 편안하고 만족스럽게 커피를 내리는 방법이다

사용 방법

원두/물의 비율: 60그램/1리터

분쇄도: 중간보다 곱게

구매 팁: 클레버 외에도 침지식과 여과식이 혼합된 추출기들이 시장에 출시되어 있다. 하리오 V60 스위치(Hario V60 Switch)도 흥미로운 제품인데 용량이 작다. 같은 방식의 티 추출기들이 다양하게 있지만 추천하지 않는다. 클레버 드리퍼가 여러 종류 있어도 나는 클래식 스타일을 계속 사용하려고 한다. 저렴하면서도, 확실하고, 튼튼하며, 사용이 쉽기 때문이다. 이 브루잉 방법이 역점을 둔 사항은 균일한 추출과 마지막 단계의 빠른 추출액 배출(흔히 '내리기(draw-down)'라고 함)이다.
많은 사람이 다른 기술로 맛있는 커피를 만들지만, 클레버 드리퍼는 브루잉 시간에 불필요한 5분이 추가되면서 마지막 단계가 지연될 수 있다.

Clever.L

브루잉 순서

1 뜨거운 물로 종이 필터를 적시고, 드리퍼의 물을 완전히 빼낸다.

드리퍼를 저울 위에 놓고 영점 조절을 한다. 아직 커피는 넣지 않는다.

2 물을 끓여서 비율을 맞추어 필요한 양의 물을 드리퍼에 넣는다. 주의: 이 드리퍼에는 최대 500그램의 뜨거운 물을 담을 수 있다. 하지만 넘칠 위험이 있으므로 450그램 이상은 브루잉하지 않는 것이 좋다. 여기에서는 물 300그램을 사용한다.

3 가능한 한 빨리 원하는 양의 커피를 넣는다. 이 설명에서는 18그램의 커피를 넣는다.

4 커피를 살살 저어서 완전히 적시고 물에 모두 잠기게 한다.

2분 동안 기다린다. 분쇄된 커피가 굵은데 분쇄도를 조절할 수 없다면 기다리는 시간을 더 늘리면 된다.

5 커피를 살살 젓고 30초 정도 기다린다.

6 드리퍼를 컵이나 카라페 위에 놓는다.

추출액을 완전히 내린다. 남은 커피 층은 평평해야 한다.

종이 필터를 버리고 커피를 즐긴다.

▶ 조정

사람들은 추출한 커피의 맛을 개선하려고 주로 분쇄기에 초점을 맞추려고 하지만, 원두의 로스팅 정도에 따라 브루잉 온도(94쪽 참조)를 조절해도 된다. 브루잉이 끝났을 때 커피 층 표면이 평평하지 않거나 매우 울퉁불퉁하다면 문제는 젓는 방식에 있다. 너무 세게 젓거나 소용돌이치게 저어서는 안 된다. 또한 드리퍼를 컵으로 옮기기 전까지는 항상 바닥이 평평한 곳에 놓도록 한다.

AeroPress 에어로프레스

에어로프레스는 만족도가 높은 추출기로, 선보인 지 얼마 안 되어 상징적인 존재가 되었다.

에어로프레스는 이미 에어로비(Aerobie) 플라잉디스크로 성공한 앨런 애들러(Allan Adler)가 2005년에 출시한 제품이다. 공기역학을 전공한 앨런이 커피 추출기를 발명하겠다고 나선 것은 다소 의외였다. 그는 포트식이 대부분인 가정용 추출기로 맛있는 커피를 브루잉하는 것이 아주 힘들다는 사실에 답답함을 느껴 직접 추출기를 만들게 되었다. 출시 초기에는 커피 업계에서 자리를 잡는 데 애를 먹었지만, 2008년부터 카페에서 한 잔 브루잉이 붐을 타면서 인기를 끌기 시작했고, 그 후 전 세계적으로 수백만 개가 판매되었다.

내가 에어로프레스에서 느꼈던 흥미로운 점은 사용자들의 만족도가 아주 높았다는 것이다. 에어로프레스는 많은 사람이 처음으로 구매하는 한 잔 추출기이며, 추출 과정이 재미있고 결과는 지금까지 마셔 보았던 그 어떤 커피보다도 특히 좋다. 사람들이 에어로프레스 자체뿐만 아니라 더 많은 브루잉 방법과 장비로 계속해서 더 많은 실험을 하고 있다.

에어로프레스는 디자인 자체가 브루잉의 변수들을 쉽게 실험할 수 있게 해 준다. 분쇄, 브루잉 시간, 물 온도 중에서 다른 변수들은 크게 바꾸지 않고 한 가지 변수만 변화시킬 수 있으면 커피 브루잉을 더 깊이 이해할 수 있을 뿐만 아니라 자유롭게 실험해 볼 수 있다. 그래서 에어로프레스는 다른 추출기들에 비해 온라인으로 접할 수 있는 브루잉 레시피가 더 많다.

나는 에어로프레스의 레시피를 만들면서(뒷면 참조) 이루고 싶은 것들이 있었다. 추출한 커피에 영향을 주는 본질적인 요소들을 낱낱이 파악하고, 쉽게 반복적으로 사용할 수 있는 레시피를 만드는 것이었다. 여러분은 이 레시피를 믿고 일상적으로 사용하되, 다른 접근법이나 기술도 자유롭게 써 보고 실험해 보길 바란다.

사용 방법

원두/물의 비율: 55~60그램/1리터
분쇄도: 중간보다 곱게
구매 팁: 에어로프레스 원품을 제작하는 곳은 에어로비 회사밖에 없지만, 그것을 모방한 제품이 온라인 시장에서 증가하고 있다. 모방품보다는 원품을 구입하는 것이 좋은데 그 이유는 다음과 같다. 먼저 원품 자체의 가격이 브루잉을 처음 하는 사람에게 부담이 되지 않으므로, 구입 가격의 10~20퍼센트를 아끼겠다고 제품이나 재질의 품질이 보장되지 않는 모방품을 구입하는 것은 합리적이지 않다. 에어로비 회사에서는 에어로프레스를 오래전부터 BPA프리 소재로 만들었다고 홍보하고 있는데 믿어도 좋다. 또한 조금 더 비싸더라도 이 제품을 발명한 회사를 제대로 지원하는 것도 중요하다.

AEROPRESS
③
②
①

브루잉 순서

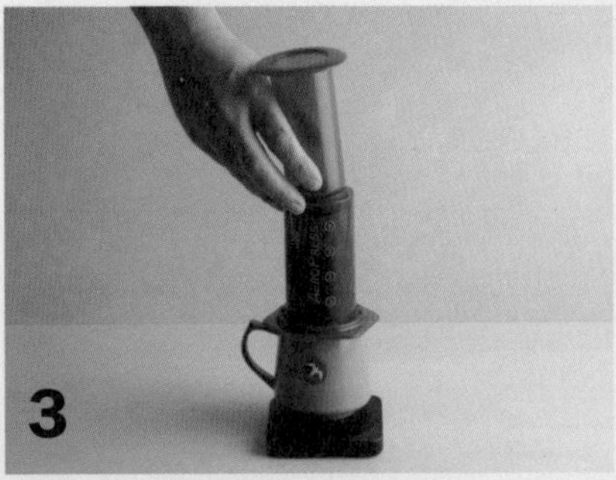

1 종이 필터를 홀더 안에 넣는다. 물에 적시지 않아도 되는데, 종이가 아주 작아서 큰 차이가 없다. 추출기의 필터 홀더를 닫고 컵이나 카라페 위에 놓는다. 제품 전체를 저울 위에 놓는다. 커피를 넣는데, 여기에서는 11그램을 넣었다. 영점 조절을 한다.

2 커피에 물을 부으면서 커피가 모두 적셔졌는지 확인한다. 여기에서는 물 200그램을 사용했다.

3 플런저를 추출기에 넣는데, 아래로 누르지는 않도록 한다. 플런저가 추출기 윗부분에 있으면 부분 진공 상태가 되어 추출액이 추출기 아랫부분에서 더 이상 빠져나가지 않는다. 2분 동안 기다린다.

4 추출기와 플런저를 모두 잡아 살짝 들어 올린 뒤 추출기를 부드럽게 돌린다. 이렇게 하면 추출기에 생긴 커피 덩어리들이 깨지고 커피가 대부분 아래로 떨어진다. 너무 세게 돌리지 말고 굳이 소용돌이를 만들려고 하지도 말아야 한다. 이 과정은 커피 덩어리를 부수려는 것일 뿐이다. 추출기와 컵, 카라페를 저울에서 내려놓는다.

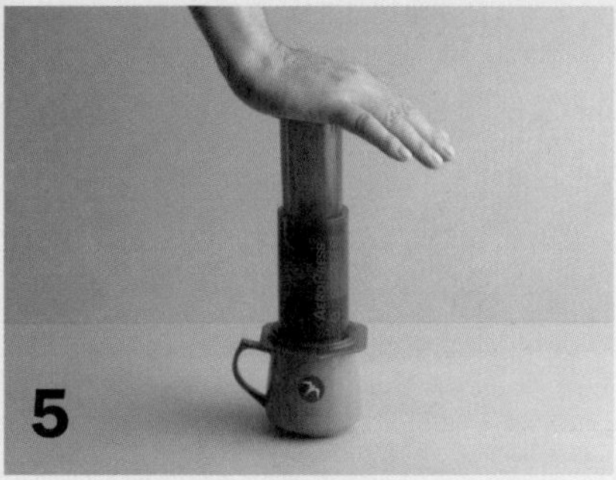

5 추출기를 돌리고 30초가 지나면 플런저를 눌러도 된다. 천천히 누르는데 체중을 사용하지 말고 팔 힘으로 편안하게 누른다. 약 30초 동안 누른다 (꼭 30초가 아니어도 되며, 천천히 누를수록 좋다).

6 플런저가 커피에 닿고 더 이상 눌러지지 않을 때까지 누른다. 플런저를 아주 천천히 빼는데, 이렇게 하면 추출기에서 추출액이 떨어지는 것을 줄일 수 있다. 퍽(커피 찌꺼기를 가리키는 용어로, 커피 찌꺼기가 둥글고 단단한 퍽 모양으로 뭉쳐져 있어서 붙여짐)을 비우고, 추출기를 세척한다.

커피를 즐긴다.

▶ 바이패스 브루잉(두 잔 브루잉하기)

사람들이 에어로프레스에 대해 가장 많이 비판하는 점은 한 번에 한 잔밖에 만들지 못한다는 것이다. 하지만 커피를 더 많이 넣어 진하게 브루잉한 추출액을 카라페에서 희석하면 두 잔도 만들 수 있다. 옆쪽의 브루잉 순서와 전체적으로는 똑같이 하되, 다음의 몇 가지 사항만 추가로 신경을 써서 추출하면 된다.

1. 이런 방식으로 브루잉을 하면, 효과적으로 추출하기 위해 물을 되도록 많이 사용하고 싶을 것이다. 내 경험상 물 최대 240그램에 커피 22그램을 사용하면 된다.
2. 침지 시간을 늘리면 추출기에서 커피 1그램당 적은 물을 사용해도 추출액이 연하지 않다.
3. 부족한 160그램의 물은 나중에 뜨거운 물을 추가한다.
4. 이 방법은 아이스 커피를 만들 때도 좋아서, 카라페에 얼음 160그램을 넣은 상태에서 브루잉을 한다. 얼음은 대부분 녹아 추출액의 온도가 낮아진다. 나중에 얼음을 넣어 아이스 커피를 마시면 된다.

▶ 조정

에어로프레스는 변수를 많이 조정할 수 있어서 조정하다가 기가 질리기 쉽다. 그러나 맛있는 커피를 비교적 수월하게 만들 수 있을 것이다. 조정은 주로 분쇄도에 대한 것인데, 에어로프레스에 적합한 원두 입자가 얼마나 미세한지 그리고 그것으로 아주 훌륭한 커피를 만들 수 있다는 것을 알게 되면 놀랄 것이다. 에스프레소용처럼 아주 미세한 분쇄는 추천하지 않지만, 어느 정도는 미세해야 한다. 일부 그라인더의 경우 모카포트용으로 표시된 분쇄가 에어로프레스에 적합하다(다른 접근 방식에 대해서는 124~127쪽 참조).

브루잉을 할 때 너무 세게 누르지 않도록 주의한다. 내가 시험해 보았을 때 세게 누르면 좋은 추출액을 얻기가 어려웠다.

예전부터 에어로프레스의 브루잉 온도에 관심이 집중되었다. 특히 앨런 애들러는 섭씨 80도에서 브루잉한다고 했다. 온도가 그렇게 낮아도 다양한 단계의 로스팅 커피를 브루잉할 수 있지만, 나는 여전히 브루잉 온도를 로스팅 단계에 맞추는 것이 좋다고 생각한다. 그래서 라이트 로스팅 커피일수록 물의 온도가 끓는점까지 올라가는 것이 좋다.

Siphon Brewer 사이펀 추출기

사이펀 추출기의 브루잉 기술은 아주 오래전부터 사용되었다.

사이펀 추출기는 일본의 하리오사와 대만의 야마사 같은 아시아의 제조업체들과 깊은 관계가 있지만, 사실 그 기원은 유럽이다. 진공 커피포트라고 불렸던 최초의 사이펀 추출기는 1830년대에 독일에서 등장했으며, 1838년에 잔 리샤르(Jeanne Richard)라는 프랑스 여성이 처음으로 상업적 성공을 거두었다. 리샤르는 베를린의 뢰프(Loeff)가 디자인한 초기 제품을 참고해 만들었다.

이 추출기에 대한 아이디어는 비교적 간단하지만 실행에 대한 만족도는 아주 높다. 추출기의 하부 파트에서 물이 끓으면서, 물은 관을 타고 상부 파트로 밀려 올라간다. 하부 파트에 열이 계속 가해지는 한, 물은 상부 파트에 머물고 온도는 안정적으로 유지된다. 이때 물에 분쇄 커피를 넣고 침지시킨다. 브루잉을 끝내려면 하부 파트에 가하던 열원을 치운다. 추출기가 식으면, 증기가 응축되면서 약한 진공 상태가 되어 상부 파트에 있던 물이 커피 층을 통과해 내려오는데, 이때 일종의 필터(대부분 금속 원반에 묶인 천)를 거치면서 추출된다.

이 추출기는 약간 극적이고 매력적이지만 도전적인 측면이 있다. 자칫 끔찍한 맛의 커피가 나오기 쉽고, 스스로 루틴과 절차를 만들지 않는 한 일상적으로 사용하다 보면 브루잉 절차 때문에 짜증이 날 것이다. 이 추출기는 2009~2012년경에 현대적인 커피전문점에서 찻잔 브루잉이 인기를 끌면서 다시 유행했다. 지금은 커피숍에서 비교적 보기 힘들지만, 여전히 사이펀 브루잉을 하는 카페가 간혹 있다.

사용 방법

원두/물의 비율: 55~65그램/1리터
분쇄도: 중간보다 곱게
구매 팁: 솔직히 사이펀은 터무니없이 비싸다. 특별한 이유가 없다면 가장 큰 사이즈의 구매를 권하지 않는다. 또한 구입하기 전에 이 추출기를 정말로 얼마나 많이 사용할 것인지 신중하게 생각해 보길 바란다. 사이펀이 가장 극적인 추출기라는 점에는 의심의 여지가 없지만, 자주 사용하다 보면 그 기쁨도 감소한다.

사이펀은 사용이 까다로운 추출기다. 종이 필터를 사용한다 해도 세척 작업은 지루하고 까다롭다. 말이 나온 김에 하는 말인데, 천 필터를 사용하고 건사하는 것이 편안한 사람이 아니라면 종이 필터 어댑터를 구입하는 편이 좋다. 종이 필터 어댑터를 위 공간에서 맞추려면 할 일이 더 많지만, 전체적으로는 브루잉이 훨씬 수월해진다.

HARIO

브루잉 순서

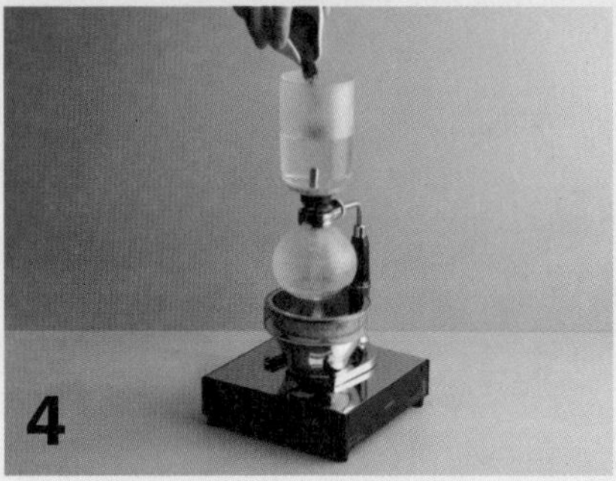

1 브루잉하기 직전에 필요한 양의 원두를 분쇄한다. 아직 추출기에 넣지 않는다. 소금기가 없는 연수를 주전자에 넣고 끓인 뒤, 필요한 양의 물을 사이펀의 하부 파트에 채운다.

2 깨끗한 필터가 상부 파트의 제자리에 있는지 확인한 뒤, 상부 파트를 하부 파트 위에 놓는데, 아직은 하부 파트를 완전히 막지 않는다. 휴대용 가스버너나 전문 할로겐 같은 열원을 사용해 하부 파트에 열을 가하기 시작한다.

3 물이 끓기 시작하면 상부 파트로 하부 파트를 완전히 막는다. 물이 상부 파트로 올라가면 불을 약하게 줄인다. 처음에는 기포가 거세게 생기다가 불을 줄이면 줄어들 것이다. 이때까지 기다린 뒤 필터를 위에서 내려다본다. 기포가 한쪽에서 훨씬 많이 올라오면 막대나 긴 숟가락을 이용해 조심해서 필터를 정중앙에 놓는다.

4 커피를 넣는다. 커피를 저어 모두 물에 잠기게 한 뒤, 타이머를 작동시킨다. 30초 후에 다시 커피를 살살 젓는다.

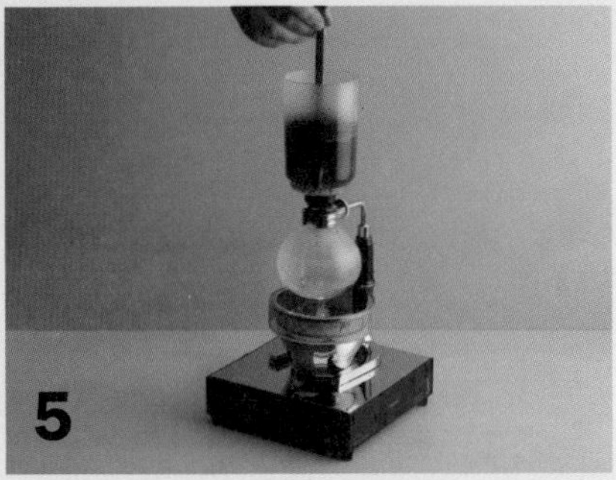

5 1분이 되면 불을 끄고 커피를 살살 젓는다. 시계 방향으로 한 번, 시계 반대 방향으로 한 번 저으면 좋다. 아니면 반대로 해도 된다.

6 커피 추출액이 완전히 내려오면, 상부 파트를 내려놓고 커피 찌꺼기를 가라앉힌 뒤 추출액을 옮겨 담는다. 이때 커피가 아주 뜨거우므로 조심한다.

▶ 조정

사이펀으로 브루잉을 할 때 주의해야 할 점이 몇 가지 있다. 이 방법이 훌륭한 커피를 만들 수 있지만 어려운 방법인 이유가 그 때문이다. 이 방법에서 이례적인 점은 침지 단계에서 브루잉 온도가 높게 안정적으로 유지되어야 하며 브루잉이 끝나면 음압 때문에 여과가 일어난다는 것이다.

사이펀 브루잉은 기본적으로 침지법이므로 분쇄도를 침지 시간에 맞출 수 있다. 하지만 내가 실험해 본 결과, 더 높은 온도에서 침지를 오래 하면 거슬리는 맛이 나서 커피 맛을 해치므로 침지를 비교적 짧게 하는 것이 좋다.

두 번째로 마지막에 추출액을 내리는 단계에서 잘못되기 쉬운 몇 가지 사항이 있다. 마지막에 커피 층이 둥글게 부풀면 추출이 균일하게 되지 않았다는 뜻이므로 그렇게 되지 않도록 주의한다. 원칙적으로는 마지막 단계에서 지연되어서도 안 된다. 마지막으로 저을 때 살살 젓도록 주의하고, 최고의 결과를 얻기 위해서는 분쇄도를 약간 조정해야 할 수도 있다. 다시 말하지만, 식으면서 쓴맛과 거슬리는 맛이 약해지므로, 가능하면 커피를 빨리 식히고 너무 뜨거울 때는 맛을 보지 않도록 한다.

마지막으로 천 필터를 사용할 경우, 깨끗하게 건사해야 한다. 카피자나 그 밖의 에스프레소 머신용 유기농 세제로 세척하면 효과가 좋지만 충분히 헹궈야 한다.

Moka Pot 모카포트

모카포트는 1933년에 알폰소 비알레티(Alfonso Bialetty)가 운영했던 회사에서 발명했으며, 아주 빠르게 상징적인 디자인이 되었고 이탈리아뿐만 아니라 전 세계 가정에서 중요한 브루잉 도구로 자리 잡았다.

모카포트는 두 가지 방식을 결합한 발명품이다. 하나는 증기력으로 작동해 신시대를 열고 이탈리아에서 크게 인기를 끌었던 에스프레소(현대적인 고압 에스프레소는 1948년 이후에야 등장했다)이고, 다른 하나는 세 파트로 구성된 디자인인 나폴레타나(드립 방식의 추출기로, 상부에 물, 가운데 부분에 커피가 있어 중력에 의해 물이 떨어지면서 하부에 모아짐)다. 비알레티사는 알루미늄 제품 전문 회사였는데, 나폴레타나를 뒤집어서 모카포트를 디자인했다. 모카포트는 증기를 이용하여 하부 물통의 물이 위로 올라가 커피 가루를 통과하여 상부 컨테이너에 추출액이 모이면 컵에 따른다.

모카포트로 끓인 커피는 아마 초기 에스프레소에 가장 가까울 것이다. 그래서 현대의 드립커피보다 진하지만 에스프레소만큼 진하지는 않다. 적절하게 사용하면, 깔끔하고 달콤하며 훌륭하게 추출된 맛있는 커피를 만들 수 있다.

모카포트는 정기적으로 세척하는 것이 좋다(127쪽 참조). 커피 자국이 있으면 맛이 좋아진다는 둥 좋게 보는 의견도 있지만 이는 사실이 아니다. 설탕이 필요할 만큼 쓰고 거슬리는 맛이 더해질 뿐이다.

사용 방법

원두/물의 비율: 100그램/1리터
분쇄도: 중간보다 곱게
구매 팁: 여기에서는 비알레티 모카포트가 표준이다. 일반적으로 구조가 다른 브랜드보다 훨씬 좋아서 보기 좋을 뿐만 아니라 구조적으로 부품도 잘 맞춰진다. 모카포트는 압력용기이므로 압력을 가두는 개스킷에 문제가 있을 경우 압력을 안전하게 배출하는 압력 배출 밸브가 확실해야 한다.

모카포트의 재질인 알루미늄의 안전성에 대한 우려가 지속적으로 제기되었지만 이는 사실무근으로 보인다. 알루미늄 사용과 알츠하이머병의 상관관계를 보여 주는 증거도 없다. 나는 비알레티의 인덕션용 모카포트를 선호한다. 구조가 더 좋고, 더 무겁고, 다양한 열원에서 사용할 수 있기 때문이다. 비알레티의 제품은 가격이 훨씬 비싸지만, 제대로 관리하면 평생 사용할 수 있다.

크기에 대한 팁: 물을 채울 때 안전밸브를 넘어서면 안 된다. 넘어갈 경우, 밸브가 열리면 증기 대신에 압력이 올라간 뜨거운 물이 배출되기 때문이다. 물의 수위는 커피 바스켓과도 상관관계가 있다. 일반적으로 물을 최대 수위까지 채우고 분쇄 커피를 탬핑 없이 홀더에 채우면 100그램/1리터 정도의 비율이 된다. 모든 모카포트 추출기가 이 비율을 채택하는 것 같다.

브루잉 순서

1 모카포트와 고무링인 개스킷이 깨끗하고, 개스킷이 제대로 끼워져 있는지 확인한다. 하부 물통과 상부 컨테이너의 연결 부위도 깨끗한지 확인한다. 커피 바스켓에 커피를 넣는다. 커피를 꾹꾹 누르지 말고 균일하게 담겼는지 확인한다. 주전자에 물을 끓여서 끓인 물을 하단 물통에 붓는다.

2 커피 바스켓을 하단 물통에 넣는다.

3 수건으로 아랫부분을 감싸서 잡고 상부를 돌려 끼운다. 고무 개스킷이 압착되어 밀폐가 잘되어 있는지 확인한다.

4 포트를 불 위에 올린다. 불은 중약 불로 하고, 센 불을 사용하면 안 된다.

뚜껑을 열어 놓는다.

곧 커피가 부드럽게 분출하기 시작할 것이다. 이때 커피의 분출이 중단되지 않을 정도로 불을 최대한 줄여야 한다. 가스 불일 경우 가장 약하게 해야 한다. 전기레인지의 경우에는 전원을 끄고 포트를 가장자리로 옮긴다.

가능하면 추출기에서 나는 소리를 들어 보는데, 푹푹 튀면서 부글거리고 쉬쉬하는 증기 소리가 들리면 포트를 불에서 내려놓아야 한다. 또는 커피에서 나오는 김을 보고 불에서 내려놓아도 되는데, 커피에서 김이 나오기 시작하면 좀 더 끓도록 둔다.

5 모카포트의 하부를 차가운 수돗물로 식힌다. 이렇게 하면 브루잉이 아주 빨리 중단되어 브루잉 온도가 너무 높아지고 커피가 너무 써지는 것을 방지한다. 바로 커피를 잔에 따른다. 커피를 뜨거운 포트에 그대로 두면 향미가 빠르게 날아가므로 옮겨 담는 것이 좋다. 이제 커피를 즐기면 된다. 추출기가 식으면 세척한다.

세척에 대한 팁: 모카포트 내부에 생긴 커피 자국에 대해 좋게 말하는 사람이 종종 있다. 이런 커피 자국은 추출된 커피가 말라붙은 것이며, 이것은 세척해 없애든지 처음부터 생기지 않게 하는 것이 좋다. 추출기가 깨끗해야 쓴맛이 적다. 그러나 쓴맛에 대한 사람들의 취향이 다르다는 것을 알고 있다.

커피 자국이 생겼거나 오래된 추출기를 복원시키려고 할 경우, 에스프레소 머신용 세제를 희석한 물에 담그는 방법을 권한다(뜨거운 물 1리터에 세척제 10그램). 상태에 따라 문질러 주고 한 번 더 담가야 할 수도 있다. 그렇게 하면 깨끗해질 것이다.

▶ 조정

모카포트를 사용할 때 가장 까다로운 부분은 분쇄도와 열 조절이다. 내가 인덕션을 좋아하는 이유 중 하나는 불의 세기를 언제나 정확하게 설정할 수 있기 때문이다. 그러나 가정에서 많이 사용하는 가스레인지는 정확하게 조절하기가 어려워 몇 번 시행착오를 겪을 수도 있다. 불이 너무 약하면 추출기 안의 분쇄 커피가 아주 뜨거울 수 있고, 그로 인해 약간 쓴맛이 날 수 있다. 또 불이 너무 세면 추출기의 내부 압력이 너무 세져서 브루잉이 균일하게 되지 않고 거슬리는 향미가 날 수 있다.

두 번째, 진하면서도 너무 쓰지 않은 커피를 만들기 위해 주로 신경 써야 하는 것은 분쇄도다. 에스프레소에 가까운 진한 커피를 만들기 위해 원두를 더 곱게 분쇄하고 물을 적게 사용해도 되지만, 곱게 분쇄된 커피로는 브루잉이 잘되기가 어렵고 그 과정도 더욱 까다롭고 힘들어진다.

마지막으로 언급하려는 것은 추출기 내부에 종이 필터를 사용하는 것이 증가 추세라는 점이다. 모카포트 안에 종이 필터를 놓을 수 있다. 위치는 커피 층 위나 아래도 가능하고, 아래위에 모두 놓는 것도 가능하다. 종이 필터는 브루잉에 색다른 영향을 준다. 종이 필터를 커피 층 아래에 놓으면 물이 커피에 고르게 분배되는 데 도움이 된다. 그 결과 추출이 보다 균일하게 이루어지고 브루잉이 좋아진다. 이를 위해 주로 사용되는 것이 에어로프레스용 종이 필터다. 한편 종이 필터를 커피 층 위에 놓으면 커피 추출액이 추가로 여과되는 효과가 있어서 기름 성분과 부유하는 커피 가루가 제거된다. 그 결과 거품이 덜 보이고 쓴맛이 어느 정도 줄어들 것이다.

브루잉을 조정하기 위해 빠르게 점검해야 하는 하나는 커피 추출액의 무게를 재는 것이다. 추출액 무게는 많아야 투입하는 물의 65~70퍼센트 정도다. 이 정도로 추출되지 않아서 더 많이 추출되길 원할 경우, 라이트 로스팅 원두를 사용하고 일단 커피가 분출되기 시작하면 불을 아주 많이 줄여야 한다. 불을 더 줄일 수 없다면 포트를 옮기고 불을 끄도록 한다. 이때 분출되는 모습을 계속 주시하면서 분출이 느려지면 다시 불을 잠깐 켜고, 흐름이 왕성해지면 불을 꺼서 다시 조금 식혀야 한다.

Automatic Coffee Maker 자동 커피메이커

자동 커피메이커는 가정용 커피 추출기, 배치(batch)추출기(대용량 추출기), 드립 머신 등 다양한 이름으로 불린다.

이 추출기는 오래전부터 사용되었다. 역사적으로 대부분의 커피메이커 제품은 품질과 성능보다는 가격과 편리성에 중점을 두었다. 자동 전기 드립커피 머신이라고 여겨지는 최초의 기계는 아마 1954년에 고틀롭 비드만(Gottlob Widmann)이 만든 기계일 것이다. 이 기계의 이름은 비고마(Wigomat)다. 드립 머신은 1970년대에 미국에서 미스터 커피(Mr Coffee)라는 브랜드가 부상하면서 전기 여과기를 대체했다.

거의 모든 커피메이커의 작동 방식은 전열기 아래에 있는 전지가 물을 가열하면 물이 팽창하고 증기를 내뿜으며 물기둥이 위로 올라가서 커피를 적시는 것이다. 저렴한 제품들은 대부분 물의 온도를

사용 방법

원두/물의 비율: 60그램/1리터
분쇄도: 중간 또는 중간보다 굵게
구매 팁: 가능하다면 자동 커피메이커에 좀 더 투자하는 것이 좋다. 스페셜티커피협회(Speciality Coffee Association, SCA)로부터 인증받은 제품을 찾아본다. 인증을 받은 메이커는 브루잉을 제대로 할 수 있으므로, 그런 제품 가운데 스타일과 가격, 특징이 마음에 드는 것으로 고르면 된다. 나는 아침의 정해진 시간에 브루잉하는 메이커가 있어서 방금 내린 커피 향을 맡으며 잠을 깨면 좋겠다는 생각이 절실하다(방금 분쇄한 원두로 브루잉하면 더 좋겠지만 밤 10시간 정도로는 맛이 크게 떨어지지 않으며 나는 아침에 처음 마시는 커피에 대해서는 매우 관대하다).

나는 커피가 열판 위에 있으면 맛이 빠르게 떨어지는 것 같아서 보온 카라페를 선호한다. 물론 카라페에도 단점은 있다. 커피가 빨리 식고 세척도 더 많이 해야 한다. 대개 카라페는 유리 물병과 달리 따르기도 어렵고 끝까지 다 따를 수도 없다. 즉 안에 커피가 남아 있는 것처럼 보인다는 뜻인데, 이것은 아주 짜증 나는 일이다.

관리: 보온 카라페 안에 생긴 얼룩을 없앨 때는 에스프레소 머신용 세제를 사용하면 좋다. 나는 오랫동안 어넥스(Urnex)의 카피자를 사용했지만 다른 브랜드의 제품들도 효과가 아주 좋다. 자동 커피메이커에 대해 주로 우려되는 점은 오래 사용하면 석회 자국이 생긴다는 것이다. 어떤 물에나 경도가 있으므로 석회 자국이 생기는 것은 불가피하지만 처리 방법은 사실 어렵지 않다. 커피메이커가 작동할 때 너무 뜨겁다거나, 너무 차갑다거나, 아니면 추출 속도가 느려지는 등 평소와 다르게 작동하는 것 같으면 석회 자국을 없애야 한다. 이때는 슈퍼마켓이나 온라인에서 구연산을 구입하면 된다. 구연산은 섭취해도 위험하지 않고 석회 자국도 간단하게 없애 준다. 물에 농도 5퍼센트 정도로 희석한 구연산 용액을 커피메이커에 넣고, 커피 바스켓에 커피를 넣지 않은 상태에서 기계를 작동시킨다. 구연산 용액을 버리고 새 물을 넣고 씻어 낸다. 깨끗이 세척되었는지 확인하고 싶으면 소량의 물을 넣고 끓여서 맛을 본다. 자극적인 신맛이 있으면 계속해서 씻어 내야 한다. 구연산은 섭취해도 위험하지 않으므로 걱정하지 않아도 된다.

이상적인 온도까지 올리지 못한다. 처음에는 원하는 것보다 물이 차갑지만, 브루잉이 진행되는 동안 점점 뜨거워져서 대개 끓는 온도까지 올라간다. 예외도 있기는 하지만 이런 커피메이커는 일반적으로 훨씬 비싸다. 하지만 많은 양(500밀리리터 이상)의 커피를 편리하게 브루잉하고 싶다면 커피메이커가 훌륭하게 기능할 수 있다.

▶ 조정

커피메이커에서 조정 작업은 커피의 양 때문에 약간 혼란스럽다. 나는 분쇄도 중간의 원두로 시작해서 라이트 로스팅 원두는 곱게, 다크 로스팅 원두는 굵게 분쇄해 사용할 것이다. 그리고 잊지 말고 테이스팅 전에 카라페에 든 커피를 저어 주고(일부 카라페에는 그 안에 믹싱 관이 있기도 하다), 식히도록 한다. 아주 뜨거울 때 맛을 보면 쓴맛이 날 것이다(이 쓴맛은 약간 희미해진다). 그래서 어쩌면 실제 원하는 것보다 굵게 분쇄하고 싶은 마음이 들 수도 있다.

브루잉 순서

사실 가정용 커피메이커에는 순서에 대한 가이드가 필요하지 않다. 필요한 양의 커피와 연수를 넣고 작동 버튼을 누르기만 하면 된다. 이런 자동화와 간단한 작동 방법은 커피메이커가 인기를 끌게 된 원인 중 하나다. 이제 저렴하거나 기능이 많지 않은 커피메이커를 사용할 때 알아두면 좋은 팁과 차선책들을 소개하려고 한다.

온도: 저렴한 커피메이커는 대부분 낮은 온도에서 브루잉을 한다. 따라서 라이트 로스팅 원두를 브루잉할 경우 차가운 물 대신에 뜨거운 물을 사용하는 것이 좋다. 온도가 낮아도 맛이 불쾌하지는 않겠지만, 브루잉 온도가 높을수록 커피가 더 맛있어진다. 수돗물의 온수를 사용하는 것보다는 주전자에 물을 끓여서 사용하는 것이 좋다.

블루밍: 일부 비싼 커피메이커에는 블루밍 기능이 포함되어 있지만 대부분은 이 기능이 없다. 블루밍은 하는 것이 유익하므로 다음과 같은 대안을 사용하면 좋을 것이다. 우선 커피메이커가 브루잉을 시작하면 잠깐 작동을 정지시킨다. 나는 20~30초 정도 중단하고 커피를 저어 주기도 한다. 저렴한 커피메이커에는 종종 브루잉 바스켓 아래에 드립 중단 장치가 있다. 이 장치는 마지막에 떨어지는 추출액이 열판에 떨어지는 것을 방지해 준다. 이는 카라페 없이 브루잉을 할 경우, 물이 바스켓 안에 있을 것이고 일종의 침지 단계를 거치게 된다는 뜻인데, 이 역시 효과가 좋다.

젓기: 커피메이커는 대부분 시작할 때 또는 끝날 때 커피를 저어 주면 좋다. 그러나 이런 기계의 주요 매력은 편리성이므로, 좋아진 커피 맛에 대한 만족감과 귀찮은 일 사이에서 편익을 비교해 보아야 한다.

5

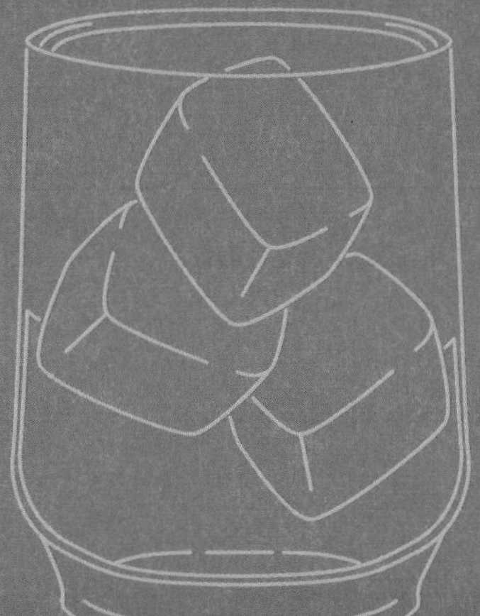

ICED COFFEE AND COLD BREW

아이스 커피와 콜드브루

성장 환경에 따라 차가운 커피가 더운 날에 어울리게 멋지고 상쾌하며 기운을 북돋워 주는 위로의 음료일 수도 있고, 돈을 주고 사 먹을 음료라고는 생각되지 않으며 이해도 안 되고 끌리지도 않는 음료일 수도 있다.

차가운 커피에 대한 접근법은 두 가지가 있는데, 각각 열렬한 지지자가 있어서 때로는 서로 입씨름을 벌이기도 한다. 이제 두 접근법을 살펴보고 최선의 기술을 이야기하려고 한다. 그러면 내가 어느 쪽인지 쉽게 알 수 있을 것이다.

아이스 커피

두 접근법의 본질적인 차이는 커피 추출을 뜨거운 물로 하느냐 아니면 차가운 물로 하느냐다. 먼저 뜨거운 물로 추출하는 법과 그것이 브루잉 과정에 어떤 영향을 미치는지에 대해 설명하겠다.

아이스 필터추출 커피

일본식 아이스 커피라고 하는 이 브루잉 방식은 주변에서 쉽게 볼 수 있다. 일본식이라는 것에 대한 증거나 선례가 충분히 있는지는 잘 모르겠다. 일본은 수없이 많은 꽤 독특하고 차가운 캔 커피의 본고장이기도 하다. 이 커피는 플래시브루(flash-brewed) 아이스 커피라고 분류되기도 하는데, 사실 브루잉 시간이 일반적인 필터추출 커피만큼 되기 때문에 약간 이상하게 들릴 수도 있지만 콜드브루와 비교해 보면 정말 빠르다고 할 수 있다.

얼음으로 커피를 식히려면 희석되는 커피를 어떤 식으로든 보충해야 한다. 방금 내린 드립커피를 충분히 식히려면 상당한 얼음이 필요할 것이다. 이를 확실히 조정하는 방법은 물을 조금만 사용해 진하게 브루잉하는 것이다. 하지만 92쪽에서 설명했듯이 이 때문에 적절한 추출이 더 어려워진다.

필터추출 커피를 식히기 위해 상당히 많은 시험이 이루어졌는데 그 결과를 말하자면 브루잉하는 물의 총량 중 약 3분의 1이 얼음이어야 한다. 그러므로 30그램의 커피를 브루잉할 경우 일반적으로 물 500그램을 사용하는데, 그렇다면 165~170그램 정도가 얼음이고 330~335그램의 물로만 브루잉해야 한다. 그리고 분쇄도를 조정해 좀 더 곱게 분쇄해야 한다. 그리고 물을 좀 더 천천히 조금씩 부어 커피와 물의 접촉 시간을 연장하면서 추출량을 증가시키면 된다.

또 다른 방법은 에어로프레스로 추출하는 것이다. 에어로프레스는 아이스 커피 한 잔을 만들기 위한 아주 훌륭한 추출기다. 침지 시간을 늘린 뒤 얼음 위로 프레스하면 되기 때문이다. 이제 아이스 푸어오버 커피와 아이스 에어로프레스 커피 만드는 법을 설명한다.

Iced Pour-over 아이스 푸어오버 커피

기본적인 방법은 104~105쪽의 V60 브루잉 순서와 같다. 하지만 간단하게 몇 가지를 조정해 보자.

먼저 브루잉할 물의 40퍼센트는 브루잉을 시작할 때 컵이나 카라파에 얼음으로 들어간다. 예를 들어 V60에서 커피 30그램에 물 500그램으로 브루잉을 한다면, 물 300그램과 얼음 200그램을 사용한다.

물을 적게 사용하기 때문에 원두는 약간 더 곱게 분쇄해야 한다. 또한 서빙할 때 얼음을 넣으면 더 희석되는 것을 참작해 물과 원두의 비율을 1리터에 65~70그램으로 좀 더 높이는 것이 좋다.

이 외에는 V60 브루잉 순서를 따르면 되지만, 뜨거운 물을 더 일찍 다 붓도록 한다. 추출이 균일하게 되도록 마지막에 저어 준다.

브루잉을 마쳤을 때는 얼음이 대부분 녹았을 것이다. 얼음이 많이 남았으면 다음에는 얼음양을 줄이고 물을 좀 더 많이 사용해 전체 물의 양을 동일하게 유지한다.

1
4
2
5
3
6

Iced AeroPress 아이스 에어로프레스 커피

기본적인 방법은 118~119쪽의 에어로프레스 브루잉 기술과 같다. 두 가지 사항만 조정하면 된다.

앞에서 살펴본 V60의 아이스 드립커피와 비슷하게 브루잉할 물의 40퍼센트 정도가 컵이나 카라페에 얼음으로 들어간다.

에어로프레스로 브루잉할 경우 소량 또는 2인분을 브루잉할 수 있다(에어로프레스로 2인분 이상을 브루잉할 수 있는 경우는 드물다).

한 컵의 경우 커피 12그램, 뜨거운 물 120그램, 얼음 80그램으로, 두 컵은 커피 24그램, 물 240그램, 얼음 160그램으로 브루잉을 한다. 에어로프레스의 용량은 물 240그램 정도가 한계다.

여기에서 침지 시간을 늘리면 도움이 되므로, 118~119쪽에 설명된 시간보다 2분을 더 침지하는 것이 좋다.

1

2

3

4

5

6

Iced Espresso Drinks 아이스 에스프레소

뜨겁게 브루잉해 만드는 아이스 커피의 다른 종류에는 아이스 아메리카노나 아이스 라테처럼 에스프레소를 베이스로 한 커피가 있다.

사람들은 아이스 에스프레소를 좋게 보지 않았다. 에스프레소를 차갑게 식히고 약간 희석하는 과정에서 완성된 커피의 쓴맛이 정말로 강하게 느껴졌기 때문이다. 일부 사람들이나 카페에서 에스프레소가 얼음에 '충격'을 먹기 때문에 제공하지 않는다고 하는 말을 들어 보았을 것이다. 내가 보기에 이런 말은 약간 의심스럽다. 브루잉을 빨리 하든지 느리게 하든지 상관없이 에스프레소는 차가울수록 쓴맛이 더 강하게 느껴진다. 아메리카노와 마찬가지로 에스프레소를 희석하면 쓴맛이 더 강하게 느껴진다.

아이스 에스프레소 음료의 쓴맛이 강해지기 때문에, 이것을 베이스로 하는 대부분 음료는 쓴맛을 상쇄하기 위해 약간 달게 만드는 것을 흔하게 볼 수 있다. 꼭 알아야 하는 내용은 아니지만, 아이스 라테를 좀 더 달콤하게 제공하는 경우가 많은 이유를 이해하는 데는 도움이 된다.

기술 면에서 아이스 에스프레소 음료를 만들 때 조정하거나 바꿀 부분은 거의 없다. 단, 희석되어 차갑게 완성된 음료뿐만 아니라 얼음까지 담으려면 서빙 용기가 약간 더 커야 한다는 점을 고려해야 한다.

더 많은 에스프레소 레시피는 204~213쪽을 참조한다.

Cold Brew Coffee 콜드브루 커피

차가운 물 또는 상온의 물로 브루잉을 한 커피에 대한 반응은 놀라울 정도로 극단적이다. 누군가에게는 유일하게 마실 수 있는 커피이고, 또 다른 누군가에게는 마실 수 없는 퀴퀴한 음료다. 그렇게 대립적인 반응이 나오는 이유를 설명하기 전에, 왜 콜드브루가 다른지를 이해하기 위해 브루잉 이론부터 살펴보려고 한다.

94쪽에서 설명했듯이 브루잉하는 물이 뜨거울수록 분쇄 커피에서 가용성 향미는 더 효율적이고 효과적으로 추출된다. 온도가 낮아지면 일부 산과 다른 화합물은 추출되지 않으며, 그 결과 산도가 낮아서 사람들이 즐기는 커피가 완성된다. 산도가 낮으면 위산 역류 같은 소화 장애가 덜 일어난다고 한다. 또 낮은 브루잉 온도는 커피의 향미에 큰 영향을 준다. 많은 사람이 콜드브루에서 풍기는 강한 초콜릿과 숙성한 향미 프로파일을 즐긴다.

콜드브루잉을 할 때 해결해야 할 과제들이 있다. 첫째, 물이 차갑고 향미 추출의 효과성이 떨어지기 때문에 침지해 제대로 추출하려면 시간이 오래 걸린다. 이 문제를 더 심하게 만드는 것은 원두를 훨씬 곱게 분쇄한다(명백한 해결책으로 보임)고 해도 빨리 상쇄될 수 없다는 사실이다. 곱게 분쇄한 커피를 찬물에서 여과하는 것은 상당히 어렵기 때문에, 일반적으로 콜드브루잉에는 드립커피용으로 굵게 분쇄한 원두를 사용한다. 이는 콜드 브루잉을 효과적으로 하는 해결책이 일반적으로 장시간 브루잉하는 것임을 뜻한다. 이 방법은 상당히 효과가 좋지만, 안타깝게도 오랜 시간 추출액과 산소의 상호작용이 이루어지고, 이에 따라 많은 콜드브루 커피에서 사람들이 아주 불쾌하게 여기는 산화된 맛이 난다. 그러나 그 맛이 다른 사람들에게는 그저 '콜드브루 향미'일 뿐이며 기분 좋고 바람직하다. 나의 주관적인 취향을 객관적인 사실로 제시할 수는 없으므로, 콜드브루가 나쁘다고는 말할 수 없다.

또 하나의 문제는 굵게 분쇄된 커피에서 장시간 브루잉하는데도 낮아진 추출량을 상쇄하기 위해 흔히 커피와 물의 비율을 높인다는 것이다. 비율이 높아지면서 커피는 더 진해지지만, 추출이 제대로 이루어지기는 어렵다. 그러나 차가운 물로 브루잉을 하기 때문에 과소추출된 맛은 정말로 크게 다르다. 일반적으로 과소추출된 커피에서는 신맛이 난다.

산미를 만드는 산을 추출하려면 더 뜨거운 물이 필요하므로 과소추출된 콜드브루 커피는 산미가 약할 경우 분명 불쾌한 맛만 난다. 커피-물의 비율이 높으면 두 가지의 큰 단점이 생긴다. 첫째, 한 컵당 비용이 많이 비싸다. 이는 부분적으로 버려지는 커피 찌꺼기에 좋은 향미가 남아 있기 때문이며 이것은 낭비다. 또 다른 단점은 논란의 여지가 있는 잠재적 문제인데, 카페인이 물에 잘 녹기 때문에 흔히 콜드브루는 카페인이 더 많이 함유되는 것처럼 보인다는 것이다. 그것을 좋게 받아들이는 사람도 있고 그렇지 않은 사람도 있다. 물론 디카페인이나 하프카페인 커피로도 충분히 콜드브루를 만들 수 있고, 맛있게 즐길 수도 있다.

콜드브루 커피를 더 빨리 만든다고 선전하는 추출기와 도구들이 시장에 많이 출시되어 있다. 그것들은 추출 속도를 올리기 위해 교반이나 압력, 기타 수단들을 쓸 수 있다. 이런 도구들을 이용하면 커피양과 브루잉 시간을 줄일 수 있고 좋아하지 않는다면 잠재적으로 산화 향미를 없앨 수 있다. 여기에서 그것들을 하나하나 살펴볼 수는 없다. 지금까지 경험한 바로, 나는 이런 것들에 회의적이지만 기대하는 것도 있다. 이런 식으로 콜드브루 커피를 빠르고 효과적으로 만들 수 있어야 한다. 그러나 절대 뜨거운 커피나 아이스 필터추출 커피와 같지는 않을 것이다. 온도를 속일 방법은 없기 때문이다.

이 책에서 콜드브루 레시피를 다루어야 할지 말지를 두고 많이 고민하다가 결국 다루지 않기로 했다. 내가 특히 좋아하는 기존 기술에서 새로운 변형 레시피를 만들어 내지 못했고, 다른 사람들의 레시피를 그대로 따라 하는 것은 이 책의 취지에 반한다고 생각했기 때문이다. 콜드브루는 아마 가장 인내심을 요구하는 브루잉 방법일 것이다. 그래서 콜드브루를 즐기는 사람들에게 실험해 보라고 권하고 싶다. 분쇄도를 약간 맞추지 못할 수도 있고, 브루잉 시간이 예정에 미치지 못하거나 초과할 수도 있다(24시간을 목표로 했는데 26시간이 걸린 것은 큰 차이도 아니다). 그러나 그렇게 실험해 가면서 즐길 수 있는 커피에 점점 가까워질 수 있다. 그리고 그것은 나쁜 일이 아니다.

6

NiCHE

HOW TO MAKE GREAT COFFEE

맛있는 에스프레소 만드는 법

에스프레소는 찬란한 음료가 될 수 있다. 진하고, 풍부하며 복잡하면서도 찰나적이다. 지난 수십 년 동안 에스프레소는 많은 사람이 커피의 절정이라고 하는 곳까지 어렵사리 올라갔다. 나는 그렇게 보지 않지만, 이 추출법의 매력과 즐거움을 잘 이해한다.

스스로 훌륭한 에스프레소 전문가가 되는 것은 정말로 만족스러운 성과지만, 나로서는 그렇게 되기까지 필요한 시간과 에너지, 자원을 강조하지 않을 수 없다. 사람들이 나에게 에스프레소 머신을 구입해야 하느냐고 묻는다. 어쨌든 그들은 에스프레소나 카푸치노를 즐기고 가정에서 이런 커피를 바로 마신다는 생각에 많이 끌리기 때문이다. 나는 항상 이렇게 대답한다. '새 취미를 갖고 싶으세요?' 모두는 아니지만 많은 사람이 우리 집에 에스프레소 머신이 없다는 사실에 놀란다.

제6장에서는 에스프레소를 추출할 때 필요한 장비부터 기술에 이르기까지 많은 변수와 고려해야 할 점들을 설명한다. 내가 무엇보다도 원하는 것은 사람들이 커피를 즐기는 것이다. 그런 만큼 그 커피가 훌륭한 장비와 원두, 훈련과 연습, 깨끗한 뒤처리에 기꺼이 투자하는 훌륭한 카페에서 만든 것이라면 정말 괜찮다.

The Principles of Espresso 에스프레소의 원리

원래 에스프레소는 문제를 해결하는 과정에서 탄생했다. 추출을 빨리하려면 원두를 곱게 분쇄해야 제한된 시간 안에 향미를 모두 추출할 수 있다. 그런데 이렇게 곱게 분쇄했을 때의 문제는 중력만으로는 추출수가 커피 층의 바닥까지 가지 못한다는 것이다.

물을 분쇄 커피 전체에 침투시키고 빨리 추출하기 위해서는 압력이 필요하다. 처음에 이 압력은 보일러 내부에 갇힌 증기에서 얻어 냈지만, 그 증기압은 그리 높지 않아서 1~2바 정도였고 추출액은 지금처럼 황금색 크레마가 있는 진한 커피가 아니었다. 초기의 에스프레소는 모카포트로 브루잉한 커피나 심지어 필터추출 커피에 훨씬 가까웠다. 혁신과 개선이 이루어져서 현재 우리는 전기 펌프나 압축 스프링, 레버를 통한 팔 힘을 이용해 훨씬 높은 압력을 만들어 낼 수 있다. 그 결과 오늘날 우리가 아는 에스프레소가 만들어진다.

'에스프레소'라는 명칭은 영어의 'express'처럼 '빠르다'와 '짜낸'의 두 가지 뜻이 있는 이탈리아어 'espresso'에서 유래한다. 그 속도와 재료로서의 유연성 덕분에 에스프레소는 아주 다양한 사람들에게 여러 가지 많은 커피 음료를 제공할 수 있어서 업소에서 인기가 많다. 많은 업소에서 커피 제조를 위해 가장 먼저 그리고 유일하게 에스프레소를 선택했고, 전 세계가 이탈리아 문화를 사랑하면서 에스프레소의 명성이 올라갔다. 이런 사실이 의미하는 바는 많은 사람이 커피에 대해 에스프레소를 '가장 좋은' 커피 제조법으로 인식하면서 에스프레소가 최고의 자리(즉, 커피 추출의 정점)에 올랐다는 것이다. 그러나 이것은 사실이 아니다. 에스프레소는 커피를 만드는 훌륭한 방법이지만 다른 방법들보다 더 좋은 커피를 만드는 것은 아니다. 사실 짧은 브루잉 시간, 높은 압력, 곱게 분쇄한 커피 등의 강렬한 준비 과정들이 모두 합쳐져서 에스프레소는 까다롭고 때로는 좌절감을 주는 커피 제조 방법이 된다. 예전부터 에스프레소는 요리 전체를 통틀어서 가장 손이 많이 가고 가장 어려운 조리라고 주장하는 사람들이 있었고, 솔직히 나 자신도 이 주장에 반대할 수 있을지 잘 모르겠다.

하지만 일단 에스프레소의 기본 원리를 이해하면 그 변수들을 효과적으로 통제할 수 있다. 절대적으로 완벽한 방법은 여전히 파악하기 힘들겠지만, 일상에서 정말 즐길 수 있는 에스프레소를 쉽게, 되풀이해 만드는 것은 충분히 가능하다고 생각한다.

에스프레소는 저항을 만드는 것

좋은 에스프레소 머신은 반복적으로 재생할 수 있는 압력과 온도에서 뜨거운 물을 침투시킬 것이다. 에스프레소를 추출하는 과정을 조절할 때, 우리가 조절하는 것은 물을 커피 층으로 침투시키는 것의 난이도(얼마나 어려운지 또는 쉬운지)다. 물의 침투 속도가 느릴수록 향미가 더 많이 추출될 것이다. 이 원리는 비교적 단순해 보이지만, 에스프레소를 추출하며 좌절감을 느낄 때는 레시피나 추출법을 조금만 바꾸어도 에스프레소의 맛을 완전히 바꿀 수 있다.

근본적으로 저항을 조절할 수 있는 변수는 바스켓에 담는 커피의 양과 분쇄도다. 바스켓에 담는 커피가 많을수록 저항이 커지고 브루잉 속도가 느려지는 것은 분명하다. 나중에 다시 이야기하겠지만, 여기에서 한 가지 지적할 것은 아주 작은 변화(커피 0.5그램)가 에스프레소 추출 과정에 아주 큰 영향을 줄 수 있다는 점이다.

분쇄도를 모래와 자갈로 바꿔 생각하면 이해하기 쉽다. 자갈로 댐을 건설할 경우, 물은 자갈들 사이의 공간으로 쉽게 흐를 것이다. 하지만 모래를 쌓아 건설한다면 모래와 모래 사이의 공간은 훨씬 좁으므로 저항이 더 클 것이다. 커피도 마찬가지다. 더 곱게 분쇄된 커피 층에서 저항이 더 크고 추출 속도도 더 느리다.

에스프레소를 평가하는 방법은 다른 두 변수에 있다. 커피 층의 바닥까지 침투된 추출수의 양과 작업에 소요된 시간이다. 이 두 가지를 알면 유속을 측정할 수 있을 뿐만 아니라 레시피를 조절할 수 있고, 커피 맛을 더 좋게 하거나 좋게 유지하기 위해 무엇을 바꾸어야 하는지 알 수 있다.

위에서 말한 네 가지 변수(커피의 양, 분쇄도, 에스프레소 추출액의 양, 추출 시간) 중에서 일반적으로 세 가지는 레시피에 나와 있다. 예를 들어 어떤 로스팅 회사에서 약 28~30초 동안 36그램의 에스프레소 추출액을 만들기 위해 분쇄 커피 18그램을 사용하라고 추천한다고 해 보자. 원두의 분쇄도도 알려 주면 도움이 되겠지만, 그것을 효과적으로 알려 줄 방법이 없다. 적절한 분쇄도를 알아낼 수 있는 유일한 방법은 투입량과 배출량이 나온 레시피대로 추출하고 추출 시간을 측정하는 것이다. 그다음에는 바라던 추출 시간이 나올 때까지 분쇄도를 조절하면 된다.

이 과정을 커피 업계 및 관련 커뮤니티에서는 '다이얼링(dialling in, 조정)'이라고 한다. 처음에는 이 과정이 시행착오처럼 느껴질 수 있고 사람들은 몇 가지 흔한 실수도 저지른다. 이런 실수들 때문에 과정 전체가 혼란스럽거나 반직관적인 것처럼 보일 수 있는데, 이에 관해서 설명하려고 한다.

물길 생성

에스프레소 추출의 복잡한 요소는 아주 높은 압력 때문에 문제가 생길 수 있다는 점이다. 곱게 분쇄되어 치밀한 커피 층을 물이 통과하려면 더 높은 압력이 필요하지만, 압력을 받은 물은 저항이 가장 적은 경로를 찾는다. 우리가 정말 맛있는 에스프레소를 마시려면, 물이 커피 층을 아주 균일하게 통과해야 한다. 하지만 흔히 일어날 수 있는 한 가지 문제는 물이 덜 치밀한 커피 층을 찾아 그곳을 빠르게 통과하는 것이다. 이것을 물길 생성이라고 한다.

에스프레소를 추출할 때 물길이 생기면, 그 좁은 틈으로 더 높은 비율의 물이 지나간다. 그리고 향미는 이 좁은 틈에서 훨씬 효과적으로 추출되어 종종 아주 쓴, 거슬리는 맛이 나기 시작하기도 한다. 한편 커피 층의 다른 곳에서는 상대적으로 낮은 비율의 물이 지나가서 추출이 제대로 이루어지지 않고 추출된 커피에서는 신맛이 나게 된다. 물길 생성이 심한 에스프레소 추출액은 맛이 아주 끔찍하다.

최근 몇 년 동안 물길이 왜 생성되는지, 어떻게 예방하는지, 얼마나 흔한 일인지 등 물길 생성에 대해 아주 많은 내용을 알게 되었다. 미리 말해 두지만, 사용할 수 있는 모든 도구에 아주 숙련된 바리스타도 간혹 추출하는 동안 물길 생성이 일어난 커피를 추출한다. 그 빈도가 아주 낮을 뿐이다. 수압이 그렇게 높으면 약간의 물길 생성을 피하기는 어렵다. 하지만 에스프레소를 추출할 때 집중해 커피 층을 고르게 준비하면 더 맛있는 커피로 보상받을 것이다. 퍽 기술과 탬핑에 대해서는 186~189쪽에서 따로 다루기로 한다.

이제 언급할 것은 추출 온도 역시 종종 논의되는 대상이고 로스팅 회사에서 제공하는 에스프레소 레시피나 온라인 커뮤니티에 자주 언급된다는 사실이다. 많은 머신이 추출 온도를 디지털로 쉽게 조절할 수 있는 기능을 갖추고 있다. 여기에 대해서는 다이얼링의 기본 원리에 대한 설명에서 좀 더 자세히 설명하겠다.

이제 다이얼링의 실제 과정과 추출하려는 커피의 레시피나 기술을 조정하는 방법을 다루려고 한다. 많은 요인이 에스프레소 추출과 맛에 영향을 줄 수 있다. 사람들은 항상 가장 맛 좋은 에스프레소를 추구할 것이고, 맛을 보고 조정하면 될 것이다.

테이스팅에 의한 에스프레소 다이얼링

조금만 연습하면 에스프레소의 맛을 본 뒤, 변수를 적절히 바꾸고 조정해 다음 추출 때는 더 맛있는 커피를 만들 수 있다. 많은 사람이 전문 테이스터의 경험이나 기술이 자기에게는 없다고 느껴서, 맛을 이용한다는 생각에 좌절하거나 겁을 먹는다.

사람들은 커피 이야기를 할 때 과소추출과 과대추출을 많이 언급한다. 이 용어들에 대한

자세한 설명은 88~89쪽의 '커피 브루잉에 대한 일반적인 설명'을 다시 읽어 보면 된다. 이제 추출액에서 여러 가지 결함과 상관관계가 있는 두 가지 기본 맛, 산미와 쓴맛을 살펴보려고 한다.

대부분의 스페셜티 커피에는 산미가 존재한다. 하지만 산미의 정도는 로스팅 단계, 품종, 공정, 재배 농장의 테루아에 따라 달라진다. 산미는 커피를 포함해 전체 요리 세계에서 맛을 볼 때 경험하는 훌륭한 특징이다. 많은 사람이 산미를 힘들어하는 것은 균형을 잡기가 어렵기 때문이다. 강하고 불쾌한 신맛은 정말이지 절대 즐기기 힘들다. 아삭아삭한 초록 사과는 기분 좋은 신맛이 나지만, 라임 주스 원액은 맛깔스럽지 않다. 커피에서 즐기는 산미의 정도는 사람마다 다르게 느껴지며, 자신이 어떤 종류의 커피를 즐기고 어떻게 추출하는 것을 좋아하는지 알아가는 과정은 여행과도 같다. 하지만 커피 추출의 수준을 아주 분명하게 알려 주는 지표로 산미를 이용할 수 있다.

과소추출된 커피는 산미가 강하고 불쾌할 것이다. 이것은 커피의 산성 화합물이 물에 아주 잘 녹기 때문이다. 추출이 많이 될수록, 산미의 균형이 잡히고 추출된 커피의 맛은 점점 좋아진다. 물론 추출이 너무 많아져서 맛을 보는 경험이 나빠지기 시작하는 지점이 있는데, 강하고 불쾌한 쓴맛이 입에 오래 남는 때다.

쓴맛과 신맛의 혼동

쓴맛과 신맛의 혼동은 불쾌하고 거슬리는 신맛이 쓴맛과 헷갈릴 때 흔하게 경험하는 현상이다. 이 현상은 그것들이 상반되는 문제를 나타낼 수 있는 커피에는 특히 도움이 되지 않는다. 신맛이나 짠맛을 어디서 느끼는지를 보여주는 미각 지도를 지금도 간혹 볼 수 있다. 그러나 이것은 혼란스러운 표현이다. 미뢰는 혀 전체에 분포하며 전체적으로 모든 맛을 감지하기 때문이다. 그러나 많은 사람이 혀의 옆면 아래에서 산미를 경험하는데, 커피를 맛볼 때 바로 느끼는 맛이 산미다. 쓴맛은 혀 전체와 목으로 넘어가는 곳에서 느껴지기 때문에 커피를 삼킨 후로도 그 강도가 세질 수 있다. 실생활에서는 샐러드드레싱을 만들 때 경험해 볼 수 있다. 드레싱에 들어가는 식초나 레몬즙이 순수한 신맛을, 좋은 올리브유가 쓴맛을 내기 때문이다.

에스프레소를 추출했는데 산미가 너무 강하고 바디/텍스처는 다소 약하면, 추출을 더 해야 한다고 확신해도 좋다. 아마 분쇄도가 너무 굵어서 물과 커피의 접촉 시간이 너무 짧았을 것이다. 추출액에 변화를 주는 방법은 그 외에도 더 있으며 에스프레소 추출의 변수에 대해서는 다음에 이야기하겠지만, 다음 추출에 관한 결정과 변화를 줄 변수를 정하는 데 영향을 주는 중요한 원동력은 산미의 균형이다.

Recipes and Ratios 레시피와 비율

현대의 에스프레소 추출 스타일을 설명할 때 흔히 레시피와 비율을 이야기한다.

레시피

에스프레소 레시피에서 언급되는 추출의 주요 변수는 다음과 같다.

분쇄 커피양(그램), 에스프레소 추출액의 양(그램), 추출 시간(초), 추출 온도(섭씨), 압력(바)

과거에 에스프레소 추출액의 양은 밀리리터(㎖)로 표시되었지만 이를 반대하는 목소리가 점점 커졌다. 에스프레소의 양을 부피로 표시할 때의 문제는 에스프레소의 부피 중 일부가 크레마이기 때문이다. 크레마는 에스프레소 추출액의 거품으로, 추출액에서 이산화탄소가 빠져나와 커피에 있는 기포제에 갇힐 때 생성된다. 에스프레소에서 얻는 크레마의 양은 추출할 때 커피 가루 속에 있던 이산화탄소의 양과 아주 강한 상관관계가 있다. 신선한 커피일수록 크레마가 많은데, 로스팅 단계나 추출하려는 커피의 품종(아라비카인지 아니면 로부스타인지) 등과 같은 다른 변수들도 있다. 이처럼 아주 신선한 커피로 에스프레소 30밀리리터를 만든다면 이산화탄소의 비율이 더 커질 것이다. 한편 오래된 커피로 만든 똑같은 부피의 에스프레소에는 빠진 이산화탄소의 보충을 위해 더 많은 물이 커피에 침투되어 총 30밀리리터의 부피가 맞추어질 것이다. 그래서 추출 시간과 추출액 부피 면에서 동일해 보일 수 있는 커피가 사실은 아주 다를 것이고, 그 맛도 매우 다를 것이다. 기체인 이산화탄소의 무게는 액체인 에스프레소의 무게에 거의 영향을 미치지 않기 때문에, 에스프레소 커피를 무게로 표시하는 움직임은 이 부피 변수를 제거하는 데 도움이 되었다. 오래된 원두와 신선한 원두를 가지고 동일한 레시피대로 추출할 경우, 신선한 원두로 만든 에스프레소 커피 40그램의 부피가 더 클 것이다.

크레마

크레마는 에스프레소의 명확한 특징이며, 그것을 둘러싼 로맨스가 아주 많다. 크레마는 확실히 에스프레소를 더 매력적으로 보이게 한다. 그러나 항상 목표는 가장 멋져 보이는 것이 아니라 가장 맛있는 에스프레소가 되어야 한다는 것이다. 앞에서 말했듯이 크레마는 에스프레소에 이산화탄소가 기포로 갇혀서 형성되며,

상당히 안정적인 거품층이다. 에스프레소를 추출하는 동안 높은 압력을 받은 물은 보통 때보다 이산화탄소를 더 많이 용해할 수 있어서 이산화탄소 '과포화' 상태가 된다. 에스프레소 추출액이 포타 필터 안의 추출 바스켓에서 빠져나가면 정상적인 대기압 상태로 돌아가고 이산화탄소는 거품으로 빠져나온다.

크레마는 바스켓을 통과한 미세한 커피 알갱이를 끌어들이는 것처럼 보이는데, 그 때문에 종종 크레마 표면에 '호랑이 줄무늬'라고 하는 재미있는 패턴이 만들어지기도 한다. 다크 로스팅 커피는 크레마를 더 많이 만드는 경향이 있고, 그것을 보는 사람들의 눈을 즐겁게 해 준다. 크레마는 종종 원두의 질을 알려 주는 지표로 여겨지는데, 부분적으로 이것은 사실이다. 묵은 커피를 추출했거나 제대로 추출되지 못한 에스프레소의 크레마는 오래 가지 못한다. 그러므로 방금 받아 마시려는 커피에 크레마가 없으면 분명 위험 신호다. 한편 품질이 낮고 방금 로스팅한 커피를 더러운 머신에서 추출하면 크레마는 풍성하더라도 맛은 끔찍할 것이다. 그러므로 진한 갈색의 거품층을 너무 믿지 않는 것이 좋다.

에스프레소 추출을 적절하게 조절하려고 할 경우, 추출하는 에스프레소 추출액의 부피가 아닌 무게에 신경을 써야 하는 이유가 이제는

이해될 것이다. 저렴한 소형 디지털 저울을 구매하자. 눈대중으로 맛 좋은 에스프레소를 만드는 과정에서 버려지는 어마어마한 커피값이 절약되므로 저울값은 금세 뽑을 수 있다. 레시피에 나오는 나머지 요인들을 살펴보기 전에 에스프레소 추출 비율에 대해 간단하게 설명하려고 한다.

추출 비율

온라인에서든 오프라인에서든 에스프레소 관련 커뮤니티에서 추출 비율에 대해 많은 토론이 이루어진다. 이때 추출 비율은 분쇄 커피와 에스프레소 추출량의 비율을 말한다. 커피 18그램으로 36그램의 추출액이 나왔다면, 비율은 1:2다. 비율에 대해 중요한 인식 몇 가지가 있다. 첫째는 많은 요리 분야(특히 제빵)에서

비율이 유용한 이유다. 성분 하나의 양을 늘릴 경우, 비율을 유지해야 하므로 다른 성분들의 양을 계산할 수 있다. 커피 용량을 20그램으로 바꿀 경우, 에스프레소 추출량은 40그램으로 늘려야 한다.

헷갈리지만 정말 중요한 것은 같은 추출 시간과 온도에서 두 개의 레시피로 추출할 경우, 18그램으로 추출된 36그램의 에스프레소는 20그램으로 추출된 40그램의 에스프레소와 맛이 동일해야 한다는 점이다. 차이라면 20그램으로 추출한 커피의 양이 좀 더 많다는 것이다. 실제로 이런 경우는 거의 드물고, 그 일부 이유에 대해서는 148~153쪽에서 에스프레소 추출 이론을 설명하며 짧게 언급했다. 따라서 고정된 추출 비율로 모든 문제를 해결할 수는 없지만, 에스프레소 추출법을 조금 바꾸려고 한다면 추출 비율을 비교적 일정하게 유지해야 한다.

추출 비율이 꽤 유용해진 두 번째 분야는 에스프레소의 다양한 변형 커피에 대한 정의를 내리는 것이다. 예전에는 에스프레소의 변형에 리스트레토, 에스프레소, 룽고 세 종류가 있었다. 직역을 하면 '리스트레토(ristretto)'는 한정된 에스프레소, '룽고(lungo)'는 긴 에스프레소다. 지금은 이런 커피들을 규정하는 방법으로 추출 비율을 사용할 수 있지만, 그것이 절대적인 기준이라기보다는 가이드라인이라고 할 수 있다.

리스트레토의 비율은 대개 1:1에서 1:1.5까지다. 1:1보다 더 진하게 추출할 수도 있지만 그 비율로는 커피를 제대로 추출하고 맛이 좋을 가능성이 희박하다. 에스프레소는 1:1.5부터 1:3까지의 비율로 추출된 커피라고 할 수 있다. 그리고 룽고는 1:3보다 높은 비율로 추출된 커피지만, 1:6 또는 1:7 이상이 되면 에스프레소 머신으로 만든 드립커피에 가까워진다.

나는 에스프레소 추출을 처음 하는 사람에게 일반적으로 1:2의 추출 비율을 추천한다. 사용하는 커피는 에스프레소용으로 로스팅된 것이면 무엇이든 괜찮다. 이것이 두루 적용되는 비율은 아니지만, 일반적인 에스프레소에 가까울 것이며 여기에서 간단하게 몇 가지를 조정하면 잘못된 맛을 바로잡을 수 있을 것이다.

에스프레소의 추출 비율을 이해하면 로스팅 회사나 온라인에서 공유되는 레시피를 이해하는 데 도움이 된다. 또한 어떤 레시피의 기본 아이디어를 이해하고 기본 변수를 제어할 수 있으면 맛있는 음료를 더 자주 만들 수 있다.

How to Adjust a Grinder 그라인더 조절

커피에 입문한 지 얼마 안 되는 사람들이 에스프레소를 만들면서 가장 좌절하게 되는 부분은 그라인더 조절이다.

원리는 아주 간단해 보인다. 물이 커피 층을 통과하는 속도를 늦추어서 향미가 더 많은 커피를 추출하고 싶다면, 좀 더 곱게 분쇄해야 한다. 마찬가지로 물이 좀 더 빠르게 통과하기를 원한다면 커피를 좀 더 굵게 분쇄하면 된다.

사람들이 계속 원하는 커피를 만들지 못하고 실패하는 데는 크게 두 가지 이유가 있다. 첫 번째 이유는 그라인더 안에 남아 있는 커피 가루 때문이다. 거의 모든 그라인더에 소량의 커피가 남아 있고, 커피가 나오는 배출구와 버 사이에 상당량의 커피가 남아 있는 그라인더가 많다. 즉 그라인더를 조절해 다음에 분쇄할 때, 분쇄된 커피는 이전 분쇄에서 남은 커피와 새로 분쇄된 커피가 섞여 있다는 뜻이다. 이것이 문제다. 그러니까 더 곱게 분쇄하길 원했는데 이렇게 혼합된 커피 가루로 브루잉을 하게 된다. 물은 커피 층을 천천히 통과하겠지만, 그 정도로는 부족할 수도 있다. 지금 다시 설정을 바꾼다 해도, 다음 브루잉을 할 때도 분쇄도는 여전히 혼합되어 있을 것이다. 해결책은 실망스러울 정도로 간단하다. 가장 좋은 방법은 이전의 분쇄 커피를 제거하는 것이다. 즉, 소량의 원두를 갈아

오래된 커피 가루를 빼낸 뒤 버리는 것이다. 그러나 이 방법은 비경제적이고 성가신 일이며, 디자인이 좋지 않아서 생긴 결과인 동시에 다소 가변적이다. 현대의 많은 일 회분 그라인더의 경우 분쇄량은 5그램 정도에 불과하다. 다수의 업소용 에스프레소 그라인더는 커피를 새로 20그램 이상 분쇄해야 하는데, 이것이 경영에는 아주 나쁠 수 있다. 그러나 가정에서는 커피 5그램을 제거하지 않고 18그램을 분쇄하여 끔찍한 에스프레소를 마시는 것보다 빼내는 것이 더 낫다.

사람들을 힘 빠지게 하는 두 번째 이유는 그라인더를 얼마나 조정해야 하는지 잘 모르겠다는 것이다. 칼라(이음 고리)를 '곱게'

또는 '굵게' 쪽으로 얼마나 돌려야 하는가? 여기에서 절대 규칙을 제시하기는 어렵지만, 단계식 그라인더의 경우 한 단계를 바꾸면 일반적으로 고정된 비율에 대해 추출 시간이 3~4초 정도 바뀐다. 무단 그라인더의 경우 대개 선이나 눈금 다른 표시 등이 있으며 각 표시는 일반적으로 비슷한 정도의 조정을 한다. 예외가 있지만, 일반적으로 나는 추출액의 맛이 몹시 나쁘지 않은 한 조정을 많이 하지 않는다.

BAR
BAR
PRESSURE
PRESSURE

Brew Temperatures and Pump Pressures

추출온도와 펌프 압력

지난 20년 동안 에스프레소 추출에서 이 두 변수에 대해 많은 논의가 있었다.

이렇게 된 데는 이 변수들의 영향을 이해하면서 아주 미묘한 부분이 있었던 것이 일부 원인이었고, 또 커피 커뮤니티에서 요구한 것들이 제조업체들로서는 쉽게 해결할 수 있는 비교적 단순한 기술적 문제들이었던 것도 원인이었다. 그래서 그들은 대대적으로 논의했고 결국 그 특정 변수들에 대한 논의도 많이 늘었다.

추출 온도

그 대표적인 예가 추출 온도다. 2000년대 초에 소수의 전문가와 열성적인 홈 바리스타들은 에스프레소 머신의 추출 온도를 더 정확하게 제어해 보려고 실험을 시작했다. 이때까지는 에스프레소 머신의 추출 온도가 절대적이지는 않지만 어느 정도 일정했다. 처음에 제조업체들은 변함없는 온도를 원하는 새로운 요구에 빠르게 대처하지 못했다. 그랬다가는 기존 모델의 결함을 인정하는 것 같았기 때문이다. 그러나 느리지만 확실하게 그들은 추출하는 동안 온도 변화 없이 정해진 온도를 유지하게 하는 방법을 찾았다.

또한 이 기술이 개발된 후에 사람들은 에스프레소 추출에 대해 완전히 이해했고, 추출액의 무게를 측정했다. 이에 따라 많은 사람이 섭씨 0.5도도 안 되는 아주 작은 온도 변화가 에스프레소의 맛에 상당한 영향을 준다고 믿게 되었다. 그러나 돌이켜보면 사람들이 추출할 때마다 커피 맛이 일정하지 않았던 것은 눈대중으로 판단했기 때문일 가능성이 크다. 커피가 뜨거우면 맛이 더 좋았을 수도 있지만 작은 온도 변화는 그 원인이 아니었을지도 모른다. 그렇다고 추출 온도가 논의할 가치가 없다는 뜻은 아니다. 추출 온도는 맛에 영향을 주기 때문에, 온도가 늘 일정하게 유지되는 머신을 갖고 있다면 도움이 된다. (하지만 내가 지금까지 마셨던 형편없는 에스프레소 가운데 추출 온도를 약간만 바꾸었어도 맛이 바뀔 수 있었던 경우는 얼마 되지 않는다.)

추출 온도를 높이면 추출량을 늘리고 종종 산미를 줄이고 단맛을 높이는 데는 도움이 되겠지만, 그것도 한계가 있다. 추출 비율이나 레시피, 추출 시간, 분쇄도의 내재적인 결함은 어쩔 수가 없다. 탁월한 맛에 아주 근접한 에스프레소일 경우, 미세하게 약간만 조정하면 좀 더 좋은 맛을 얻는 데 도움이 된다.

추출 온도는 원두의 로스팅 단계에 따라 변화를 주는 것이 중요하다. 라이트 로스팅 원두는 고온에서 잘 용해되며 쓴맛을 내는 화합물이 적기 때문에 고온으로 추출하는 것이 좋으므로 섭씨 92~97도 정도가 적합하다. 미디엄 로스팅 원두를 추출할 때 나는 섭씨 88~94도에서 시작하고 색이 다크해질수록 온도를 내린다. 다크 로스팅 원두에 대해서는 쓴맛을 최소화하기 위해 섭씨 80~85도에서 추출한다. 단, 특별히 쓴맛을 즐긴다면 좀 더 뜨겁게 추출해도 된다.

그러나 추출 온도에 대해 단호하게 말하기가 망설여지는데, 그렇게 말하면 변하지 않는 추출 온도가 어쨌든 더 좋다는 의견에 힘을 실어주는 것이기 때문이다. 사실 우리는 그 의견이 확실한 것인지 아직 잘 모른다. 우리가 아는 중요한 것은 반복성과 제어다. 하지만 추출하는 동안 기술 특성상 온도 프로파일(profile of temperature)을 생성하는 머신이 많다. 이런 머신은 정말 맛있는 에스프레소를 만들 수 있다.

이제 우리는 에스프레소 머신에서 확실한 온도 프로파일을 볼 수 있으므로 추출하는 동안 온도를 조정할 수 있다. 이 사실은 흥미롭지만, 그것으로 무엇을 해야 할지 알게 되려면 아직도 갈 길이 멀다. 그러면 이제 다음 변수로 넘어가 보자.

펌프 압력

에스프레소를 정의하면 상당히 높은 압력으로 추출한 커피다. 하지만 그 압력에 대해 혼란스러운 부분이 많다. 가장 일반적으로 추천되는 압력은 9바다. 하지만 이것을 잘 알고 제대로 구현하려면, 대부분의 에스프레소 머신에서 압력이 어떻게 생성되는지와 그것을 제어하는 방법을 이해해야 한다.

로터리 펌프가 있는 업소용 에스프레소 머신에는 펌프가 작동되고 포타 필터에 커피가 있으면 압력이 9바까지 올라가는 압력계가 장착된 것이 일반적이다. 이 압력은 펌프에서 아주 가까운 곳에서 측정된 것이며 시스템의 최고 압력을 의미한다.

이전 추출에서 남은 커피를 스크린에서 제거하기 위해 그룹 헤드의 물을 흘려보내면, 어떤 압력에서도 물이 흘러나오지 않는 것을 보게 될 것이다. 압력계에 아주 고압으로 표시되어 있어도 말이다. 이는 압력이 시스템 전체에서 일정하지 않으며 아무 저항 없이 펌프에서 그룹 헤드로 오는 사이에 압력이 감소하기 때문이다. 커피를 포타 필터에 넣으면, 약간의 저항이 있지만 펌프에서 출력되는 전체 압력이 커피에 가해질 수 있다. 하지만 사람들이 에스프레소 퍽처럼 생긴 모양으로 만든 측정 도구를 써서 그룹 헤드에서 압력을 측정해 보았더니 압력은 8바에 불과했다. 이것은 머신 자체가 밀폐되어 있지 않기 때문에, 에스프레소 추출을 할 때처럼 액체가 커피 퍽을 통과해 컵으로 흐를 때 압력이 빠져나갔기 때문이다. 퍽에서 발생하는 저항의 정도에 따라 머신에서 생성되어 컵까지 전해지는 압력의 크기가 결정된다. 아주 굵게 분쇄된 커피는 비교적 낮은 압력에서 추출될 것이고, 아주 곱게 분쇄된 커피는 9바에 가까운 고압에서 추출될 것이다. 그래야 액체가 커피를 통과할 수 있다.

진동 펌프를 사용하는 머신의 경우 펌프를 9바보다 높은 압력에서 작동시키면, 9바를 초과하는 압력은 역류방지밸브(OPV)를 사용해 새어 나가게 하는 것이 일반적이다. 안타깝게도 대부분의 가정용 머신에는 OPV가 바르게 설정되어 있지 않다. 설정을 조정하는 것은 어렵지 않지만 머신을 열어야 한다. 하지만 이 때문에 사후품질보증을 받기 어려워질 수 있으므로, 머신에 대해 잘 모를 경우 이런 조치는 위험한 일이다. 그래서 나는 이런 머신은 대체로 추천하지 않는다.

1961년 이전의 에스프레소 머신은 추출에 필요한 압력을 생성하기 위해 스프링 레버를 사용했다. 이 방법으로는 일정한 압력이 생성되지 않았다. 대신에 추출이 시작되면 그 직후 최고 압력에 도달했다. 그리고 추출이 진행되는 동안 스프링이 팽창해 탄성위치에너지가 줄어들면서 압력은 서서히 내려간다. 1961년에 로터리 펌프를 채택한 훼마(FAEMA)의 E61 에스프레소 머신이 성공하면서 전기 펌프가 인기를 끌었다. 에스프레소 커뮤니티가 일정한 압력을 선호하는 사람들과 압력 프로파일을 선호하는 사람들로 나뉜 것은 아마 이때인 것 같다.

더 큰 커피 커뮤니티에서는 압력에 큰 관심을 두고 압력 실험을 하지는 않았지만, 라마르조코(La Marzocco)에서 스트라다(Strada) 머신이 발표되면서 상황이 바뀌었다. 이 머신은 압력 프로파일을 미리 프로그램으로 만들어 놓고 기어 펌프를 사용해 실행시켰다. 처음에는 이 기술과 함께 압력 프로파일을 만들어 놓는다는 아이디어가 많은 관심과 흥미를 불러일으켰지만, 많은 제조업체는 에스프레소 추출에서 압력 프로파일을 만드는 것의 잠재적 편익을 파악하게 되기까지 10년 이상 실험을 해야 했다.

에스프레소의 압력 프로파일에 대해 논의하기 전에, 에스프레소 추출의 첫 순간, 즉 일반적으로 사전주입이라고 하는 단계부터 설명하려고 한다.

사전주입단계

이 용어는 꽤 오래전부터 존재했지만, 이에 대한 논의가 본격적으로 이루어진 것은 현대적인 커피 추출이 이루어지면서부터다. 거의 모든 에스프레소 머신에서, 처음 몇 초 동안은 최대 압력에 도달하지 못한 상태에서 추출이 이루어진다. 그 원인은 처음에는 물이 커피에 스며들어 추출실 안에서 커피 위에 있는 공간을 채우기 때문이다. 추출실에 물이 완전히 찰 때까지, 생성되고 있는 펌프 압력의 완전한 힘은 커피 층에 전달되지 못한다. 일부 머신은 물을 아주 작은 구멍(그 크기는 다르지만, 일반적으로 지름 0.5밀리미터 정도) 하나로만 주입해 물이 차는 것을 더 늦춘다. 이렇게 되면 시스템이 최대 압력에 도달하는 속도와 유속이 느려진다. 이 때문에 머신을 작동시킨 후 커피가 나오기까지 대개 6~10초 정도 걸린다.

더 혼란스러운 것은 이 용어가 에스프레소 추출의 단계일 뿐만 아니라 에스프레소 추출의 목표라는 점이다. 펌프에서 전달되는 최대 압력이 커피 퍽에 도달하기 전에 커피 퍽 전체를 흠뻑 적시는 목표 말이다. 왜 그래야 하는지에 그럴듯한 설명이 많지만, 내가 보기에는 사전주입이 균일한 추출에 도움이 되고, 에스프레소의 향미를 증진되게 하기 때문인 것 같다.

많은 머신이 사전주입하는 시간을 어떤 식으로든 연장 또는 제어할 수 있으므로, 실험을 통해 커피 퍽이 충분히 적셔지면서도 아직 최대 압력에는 도달하지 않는 시점을 알아내는 것이 좋다. 가장 쉬운 방법은 바닥이 없어서 바스켓의 바닥이 보이는 바텀리스 포타 필터로 실험을 하는 것이다. 에스프레소 추출 기술을 향상하고 싶다면 바텀리스 포타 필터를 추가 구입하는 것이 좋다(포타 필터의 구성품에 대한 자세한 설명은 166~167쪽 참조).

머신의 펌프를 잠시 켰다가 끄고, 잠시 후 다시 켜는 방법도 있는데, 이 방법은 별로 추천하지 않는다. 이론적으로 이 과정은 사전주입단계를 늘리는 것이지만, 종종 아주 파괴적인 결과를 초래한다. 추출실 안에 조금이라도 압력이 쌓이면 그룹 헤드를 통해 역 배출되어 잠깐 위쪽으로 가해져서 커피 퍽이 조금이라도 깨질 수 있다. 그 뒤 펌프가 다시 최대 압력으로 작동하면, 퍽에 생긴 깨진 틈에 힘이 가해져서 물길이 생성될 것이다.

본격적인 추출

에스프레소 추출의 나머지 단계가 진행되는 동안 압력을 수정하는 것은 시도해 볼 만하지만, 추출할 때마다 커피 맛이 조금씩 달라지기 쉽다. 압력 프로파일이 있다면 맛이 좋아지겠지만 대부분은 더 나빠진다. 솔직히 말해서 실망스러울 수 있다. 그 부분은 전문가용 에스프레소 커뮤니티와 가정용 에스프레소 커뮤니티 내에서 여전히 아주 활발하게 탐구되고 있다.

내가 해 줄 수 있는 가장 좋은 조언은 흐름에 주의하라는 것이다. 유속은 물이 커피 퍽을 통과할 때의 속도다. 압력과 흐름은 관계가 있어서, 압력이 높을수록 물은 더 빠르게 커피를 통과하지만 항상 그렇지는 않다. 압력이 9바보다 높으면 커피 퍽을 너무 압축해 사실상 유속이 떨어지기 시작한다. 일부에서는 9바가 선호 추출 압력으로 선정된 것이 압력과 흐름의 종형 곡선에서 가장 높은 유속을 보였기 때문이라고 추측하기도 한다.

흐름을 지켜볼 때 흥미로운 점은 거기에서 에스프레소에 대해 많은 것을 알 수 있다는 것이다. 펌프의 압력이 일정하다고 해서 에스프레소 추출의 흐름이 일정한 것은 아니다. 추출의 후반부에서는 흐름이 점점 빨라지기 시작할 것이다. 이는 에스프레소 추출이 진행되면서 커피 퍽이 침식되고 용해되기 때문이다. 그래서 추출이 끝나면 처음보다 퍽의 크기가 작다.

추출 중에 펌프 압력을 줄이는 것이 유속을 꾸준하게 유지하는 데 도움이 된다는 주장이 있다. 이 작업은 레버 머신으로 할 수 있으며(168~170쪽), 이 때문에 많은 사람이 피스톤 머신으로 뽑은 에스프레소를 좋아하는지도 모르겠다. 이렇게 압력을 줄일 때 얻을 수 있는 또 다른 이점은 높은 압력으로 인해 새로운 물길이 생길 가능성이 낮아진다는 것이다. 에스프레소 추출이 더욱 진행될수록 물길이 생길 가능성은 더 커지는데, 할 수만 있다면 이때 머신의 압력 감소는 가장 쉽게 문제를 완화하는 방법일 수 있다.

마지막 조언은 더 이상 9바를 최적 압력으로 보지 않는다는 것이다. 이제는 그보다 낮은 압력으로도 훌륭한 에스프레소를 만들 수 있다. 갖고 있는 에스프레소 그라인더가 초급 또는 중급 수준의 것이라면, 6바 정도에서 추출하는 것이 균일한 추출을 높이는 좋은 방법일 수 있고, 또한 아직 퍽을 준비하는 기술이 부족해 연습하고 있는 사람에게도 더 좋을 것이다(184~187쪽의 추출 전의 '도징과 탬핑 과정' 참조).

Portafilter Components

포타 필터 구성품

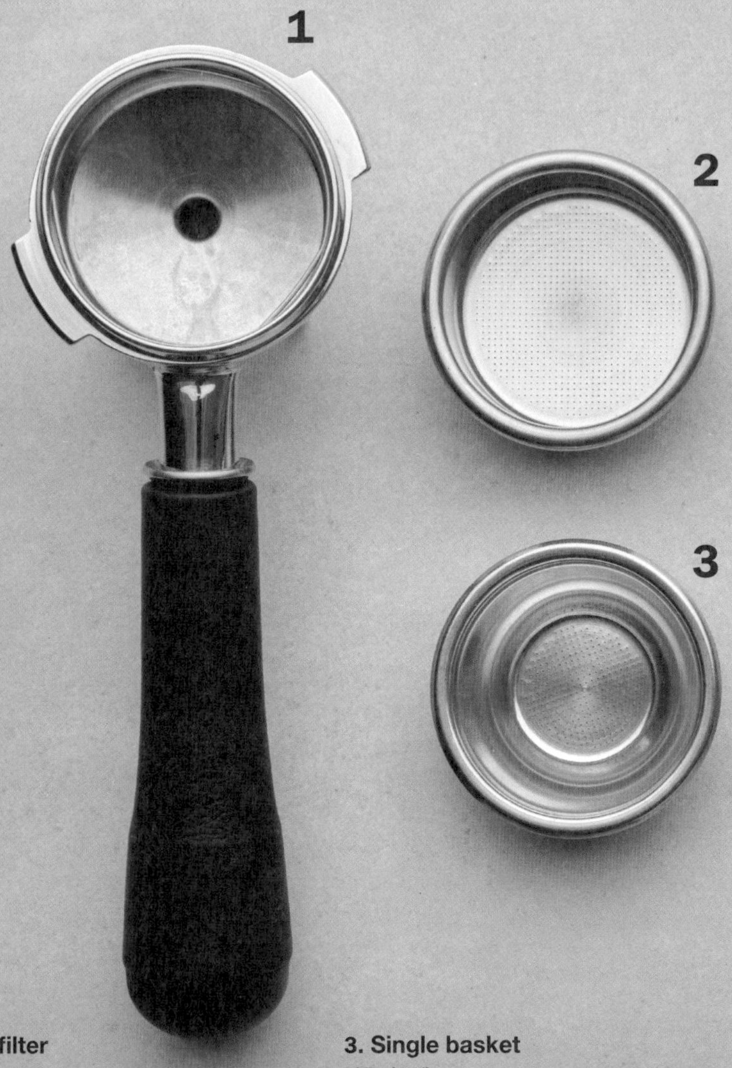

1. Portafilter
포타필터

2. Double basket
더블 바스켓

3. Single basket
싱글 바스켓

4. Cleaning blank basket
세척용 블랭크 (또는 블라인드)

4

6

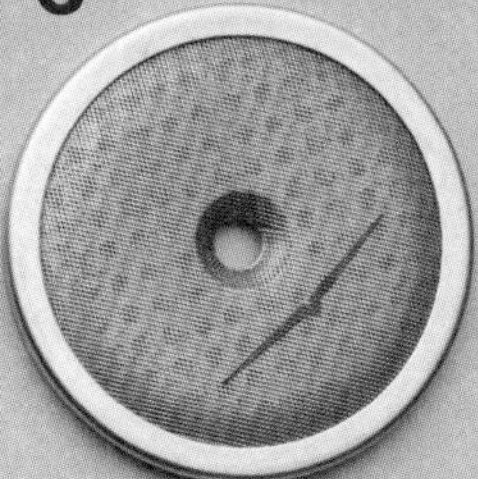

7

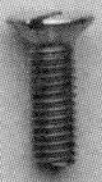

5

8

5. Group gasket
그룹 개스킷

6. Dispersion screen
샤워 스크린

7. Dispersion screw
샤워 스크린 고정 나사

8. Dispersion block
샤워 홀더

How to Buy an Espresso Machine

에스프레소 머신 구입 방법

대부분 사람에게 에스프레소 머신은 커피와 관련된 것 중 가장 값비싼 품목이다.

에스프레소 머신은 내가 원하는 시간과 장소에서 카페의 커피 값보다 훨씬 저렴한 비용으로 강렬한 커피를 기분 좋게 마실 수 있다는 기대를 준다. 그러나 그 진상을 살펴보면 에스프레소는 의심할 바 없이 값비싼 취미 활동이며, 대부분은 이 취미를 별로 원하지 않는다. 에스프레소를 만드는 일은 시간 소모적이고, 성가시며, 너무 쉽게 좌절감을 느끼게 되는 일이다. 커피에 열정적인 사람들에게는 이런 부정적인 이야기가 이상하게 보이겠지만, 나는 누군가가 하나의 커피 장비에 거액을 쓰려고 한다면 그 장비를 즐겨 사용하는 것이 중요하다고 생각한다. 아침마다 직접 추출한 커피를 마신다는 즐거움이 에스프레소 머신을 조정하는 수고보다 더 크다 해도, 솔직히 집에서는 다른 방법으로 브루잉을 하고 에스프레소는 근처의 멋진 카페에서 마시라고 추천하겠다(늘 그렇듯이 자기 집 근처에는 그런 카페가 없지만 말이다).

기본적으로 에스프레소 머신이 하는 일은 비교적 간단하다. 고압을 이용해 뜨거운 물을 곱게 분쇄한 커피 층에 침투시키는 것이다. 가격대와 상관없이, 거의 모든 에스프레소 머신이 이 간단한 기능을 비교적 잘 수행한다. 이 때문에 머신을 새로 구입할 때 돈을 지불한 대가가 무엇인지 알기 어려워질 수 있다. 여기에서는 에스프레소 머신의 작동 원리를 분석하고 다양한 옵션과 그 비용 결과를 살펴보는 식으로 접근하려고 한다. 이 접근법은 여러분이 구입을 고려하고 있는 머신의 특징들을 분석하고 그 특징들로 여러분의 필요를 충족할 수 있을지 이해하는 데 도움이 될 것이다.

고압 생성 원리

압력은 에스프레소 추출에서 중요하다. 압력의 영향에 대해서는 162~163쪽의 '펌프 압력'에 더 자세히 설명해 놓았다. 에스프레소 머신이 에스프레소 추출에 필요한 압력(약 9바, 130psi)을 생성하는 방법은 크게 네 가지가 있다. 이제 그 방법들에 대해 알아보자.

1.수동 머신

수동 머신의 내부에는 압력을 생성시키기 위한 구성 부품이 없다. 수동 머신은 우리가 직접

레버를 눌러 내려서 필요한 압력을 만드는 레버 머신인 경우가 가장 일반적이다. 이때 가장 중요한 문제는 일관성이며, 고급 수동 머신에는 생성된 압력의 크기를 보여 주는 측정기가 있다. 레버 머신으로 압력을 일관되게 생성하기는 어려우며, 반복성이 떨어지므로 좌절감을 느낄 수 있다. 사소한 변화 때문에 맛이 극적으로 바뀔 가능성은 별로 없지만, 정말 훌륭한 맛을 그대로 재현하기는 어렵다. 그래도 조금 연습하면 어느 정도 도움이 될 것이다.

직접 레버를 사용하지 않고, 이를 추출 압력으로 전환하기 위해 다른 방법을 사용하는 다른 시스템도 있다. 하지만 레버의 물리력이 없으면 아주 힘든 일이 될 수 있다. 수동 머신의 장점은 어떤 종류의 펌프도 없어서 비교적 가격이 저렴하다는 것이다. 또 다른 이점은 보편적이지는 않지만 이 방식으로 추출할 때 손에 느껴지는 감촉이 있다는 것이다. 그 덕분에 좋건 나쁘건 추출 과정을 자유롭게 제어할 수 있다. 레버를 사용할 때 자신이 머신과 연결되어 있고 기술이 필요하다는 느낌을 분명 느끼게 될 것이다. 그래서 많은 사람이 에스프레소를 만드는 과정을 의식 절차, 어쩌면 좀 더 친밀한 것으로 느낀다. 다만 계속 사용하다 보면 그 재미가 점점 사라질 수 있고, 곧 반복할 수 있고 덜 힘든 머신으로 바꾸고 싶은 마음이 생길 수도 있다.

2. 스프링 레버 머신

처음 볼 때는 스프링 레버 머신이 수동 레버 머신처럼 보일 수 있지만 한 가지 중요한 차이점이 있다. 스프링 레버 머신에는 그룹 헤드 안쪽에, 물을 커피로 보내는 피스톤 위로 커다란 스프링이 있다. 레버를 아래로 내리면 스프링이 압축되고, 레버를 놓으면 스프링이 팽창하면서 물을 커피 층으로 침투시킨다. 진정한 의미에서 최초의 에스프레소 머신은 이 방식으로 높은 추출 압력에 도달했다.

스프링 레버의 이점은 두 가지다. 우선 일관된 방식으로 커피를 만든다. 스프링은 예측과 반복이 되는 방식으로 팽창하는데, 이것은 앞으로 에스프레소를 만들 때 추출 중 이 과정에서는 거의 변화가 없을 것이라는 뜻이다. 두 번째, 스프링이 팽창하면서 거기에서 발휘되는 힘이 떨어지기 시작한다. 이에 따라 처음에는 최대 압력이 12바까지 올라갔다가 추출이 진행되는 동안 3~4바까지 떨어지는 단순한 압력 프로파일이 생긴다. (그 정도로 떨어진 후에는 고정된 스프링 공간 때문에 더 이상 팽창하지 않아서 스프링은 어느 정도의 장력을 항상 유지한다.)

수동 레버 머신과 마찬가지로, 스프링 레버 머신은 머신 가격에서 기술 비용이 크게 차지하지 않기 때문에 비용 편익이 크다. 그

대신에 여전히 사용자가 해야 할 일이 있다는 점에서는 수동 머신과 비슷하다. 스프링을 압축하기 위해 레버를 세게 당겨야 하는데, 사람들이 그것을 육체적으로 힘들어한다. 게다가 일반적으로 하단에 잠금장치가 있긴 하지만, 레버를 아래로 완전히 당기기 전에 놓칠 위험도 있다. 물이 제대로 차기 전에 또는 샤워 스크린에서 분쇄 커피를 쏟을 때 아무 저항 없이 레버를 놓으면 레버가 아주 빠르고 세게, 바리스타의 얼굴 근처로 원을 그리며 다시 튀어 올라올 수 있다. 지난 몇 년간 그렇게 해서 고통스럽고 불쾌한 사고가 있었다는 보고가 많이 있었다. 따라서 스프링 레버 머신을 사용할 때는 이 점을 유념해야 한다. 대개는 아주 쉽고, 아주 안전하게 사용할 수 있지만 명심하는 것이 좋다.

3. 진동 펌프

전기로 높은 압력을 생성하는 경우, 가장 저렴하면서 일반적인 방법은 진동 펌프를 이용하는 것이다. 진동 펌프는 작고 저렴하며, 에스프레소 추출에 필요한 것보다 더 높은 압력을 생성할 수 있다. 이 특징 때문에 소비자는 좌절감을 느낄 수 있다.

많은 가정용 에스프레소 머신의 설명서에는 15바 정도의 압력을 생성할 수 있다고 기술되어 있다. 9바의 압력만 원하는 사람에게 이런 주장은 사실 좋은 것이 아니다. 더 좋은 머신은 압력을 알맞게 조절하는 기능을 하는 역류방지밸브(over pressure valve, OPV)가 장착되어 있다. 이 밸브는 커피에 전달되는 압력을 조절하는 방식으로 시스템에서 넘치는 압력을 배출하게 되어 있는 작은 기계 장치다. 진동 펌프는 12바를 생성할 수도 있지만, OPV를 9바로 설정해 놓으면 축적되는 추가 압력은 배출되어 물탱크로 돌아간다. 하지만 몇 가지 이유로 OPV가 공장에서부터 바르게 설정되지 않은 경우가 많다. 제조업체가 이것을 중요하게 생각하지 않았을 수도 있고, 머신을 설계할 때 최종 소비자가 거기에 미리 굵게 분쇄한 커피를 넣을 것으로 예상했을 수도 있다. 이 상황에서는 추출된 에스프레소의 맛이 대개 형편없겠지만, 내부 압력을 제한하는 특정 바스켓과 결합하면 평균 수준까지는 향상되어 끔찍한 정도는 아닐 것이다.

진동 펌프 머신을 최대한 활용할 생각이라면, 다른 사용자들은 공장에서 출하된 제품의 설정을 어떻게 했는지에 대해 많이 읽어보는 것이 좋다. 더 좋고 더 비싼 머신일수록 OPV 설정이 더 정확하게 되어 있거나 비교적 쉽게 변경할 수 있다. 일부 머신은 변경 자체는 어렵지 않지만, 머신을 열어야 하고 그렇게 되면 사후품질보증을 받지 못할 수도 있다.

진동 펌프에 대해 주목할 만한 마지막 특징은 소음이다. 압력이 올라갈 때 나는 소리가 특별히 조용하거나 기분 좋지는 않지만, 일반적으로 최고 압력에 도달하면 소음이 줄어든다. 본인 또는 식구 중에서 조용한 아침을 원한다면 다른 옵션을 고려하는 것이 좋을 수도 있다.

4. 로터리 펌프

로터리 펌프는 대부분의 업소용 머신에 사용되는 표준 펌프다. 이 펌프는 상대적으로 조용하고 하루 동안 더 오래 쓸 수 있도록 설계되었다. 이 펌프의 단점은 펌프 헤드를 돌리려면 모터가 필요한데 그 모터가 상당히 크다는 것이다. 그래서 일부 업소용 머신 제조업체들은 로터리 펌프를 머신 외부에 두는 방법을 선택하기도 했다. 이런 디자인은 펌프를 머신 아래의 수납장에 보관하게 설계되었다.

그보다 작고 가정에서도 사용할 수 있는 준업소용 에스프레소 머신의 내부에 적합하게 설계된 모터가 있는데, 이 모터는 펌프 압력을 비교적 쉽게 조절할 수 있다. 이 모터 때문에 머신의 가격이 많이 상승하지만, 여기에서 생성되는 압력이 다른 시스템보다 반드시 '더 좋은' 것은 아니다. 이런 머신은 반복성이 좋아 업소에서 많이 선호된다. 하지만 어떤 머신이든 모터가 있으면 공간을 많이 차지한다는 사실을 알아야 한다.

압력 프로파일링

이제 에스프레소 머신이 압력 프로파일을 어떻게 만드는지 살펴보려고 한다. 그 방법에는 여러 가지가 있으며 진동 펌프 같은 기술을 사용하는 것도 드물지 않다. 상업적으로 압력 전환을 위해 기어 펌프를 사용하기도 하는데, 전압의 변화로 제어를 받는 기어 펌프는 압력을 바꾸는 속도와 생성하는 압력 크기에 변화를 준다. 압력을 제어하는 다른 방법으로는 역류방지밸브를 효과적으로 변경시켜서 시스템에서 빠져나가는 압력의 양을 바꾸는 것이다.

압력 프로파일 기능이 있는 머신은 일반적으로 가격이 비싸고 사용과 다이얼링이 좀 더 복잡하다. 에스프레소 샷이 내려지는 동안 압력을 바꾸고 조작할 수 있으면 유익한 점들이 있는데, 이에 대해서는 '추출 온도와 펌프 압력'(161~163쪽)에서 자세히 설명되어 있다.

How to Machine Heats Water 물 가열하는 방법

2000년대 이후로 에스프레소 추출 기술의 주된 관심은 추출 온도였다.

사람들 사이에서 에스프레소 추출을 하는 동안 특히 커피 층을 통과하는 추출수의 온도가 거의 변하지 않고 일정하게 유지되는 온도 프로파일에 대한 요구가 강하게 나왔다. 그 요구에 밀려 에스프레소 머신 제조업체들은 기술을 향상했고 현재 많은 머신이 추출하는 동안 일관된 온도를 유지할 수 있게 되었다.

개인적으로 내가 좋아하는 온도 프로파일은 일 회 추출하는 동안 온도의 변화가 없는 것이 아니라 반복해 추출해도 똑같은 것이다. 온도가 향미에 영향을 주는 것은 분명하다. 따라서 온도가 일관되지 않으면 특히 좋아하는 에스프레소의 특성을 재현하지 못할 것이다. 그러나 추출할 때마다 머신이 일정한 온도 프로파일(시작할 때는 뜨겁고 마칠 때는 약간 식는 양상)을 만든다면 나쁘지 않다.

가정용 머신의 경우 관련된 물리력과 전력 공급 때문에 다소 제약을 받는다. 많은 머신이 효과적으로 물을 가열할 수 있지만, 가열에 사용되는 열판에 의해 찬물에서 원하는 온도까지 가열할 수 있는 물의 양이 제한을 받는다. 즉, 공급되는 전력량에 따라 제약을 받는 것이다. 머신이 물을 가열하는 방법은 머신의 가격과 큰 상관관계가 있으며, 가격은 대개 그 기술에 대한 것이다. 가열 방식은 머신의 추출 온도뿐만 아니라 온도 프로파일을 제어하는 방식에도 영향을 미친다.

서모블록 방식

서모블록 기술은 저렴한 많은 머신에 일반적으로 사용되는 가열 방식이다. 이 기술에서는 열판이 나선형의 구불구불한 금속관을 가열하고, 물이 금속 내부를 통과하면서 원하는 온도까지 가열된다. 이 솔루션은 비용효율이 높고 본질적으로 결함이 없지만 여러 가지 면에서 제한이 있다.

제조업체가 선택한 서모블록의 온도를 모니터링하고 제어하는 방식과 물이 서모블록 시스템을 통과하는 속도는 목표 온도에 영향을 준다. 포타 필터를 뺀 상태에서 그룹 헤드의 물을 뺄 때, 이 시스템에 찬물을 빨리 주입하면 시스템은 아주 급속도로 냉각된다. 서모블록 내부의 물을 장시간 그대로 방치하면 물이 너무 뜨거워져서 종종 온도의 균형을 잡는 작용이 필요하다. 이 말은 간혹 물을 빼내서 머신을 식혀야 할 수도 있다는 뜻인데, 그 빈도가 아주 높지는 않다. 이런 균형 작용을 '온도

Sage Dual Boiler

세이지 듀얼 보일러

Gaggia Classic

가찌아 클래식

Victoria Arduino Prima

빅토리아 아르두이노 프리마

서핑(temperature surfing)'이라고 한다.

일반적으로 동일한 서모블록으로 스팀도 발생시키는데, 그 경우 머신에 온도조절장치를 훨씬 높은 온도로 설정하는 스위치가 있다. 이는 하나의 머신으로 에스프레소도 만들고 밀크 스티밍도 할 수 있지만, 두 가지를 동시에 할 수는 없다는 뜻이다.

저렴한 머신의 경우, 이 기술을 정교하게 조절해 사용하기 힘들며 추출 온도를 조절하고 반복해서 똑같이 유지하려면 더 많은 수고가 필요하다. 맛있는 에스프레소를 추출할 수 있지만, 그만큼 많은 수고가 필요하다.

싱글 보일러

여러 가지 점에서 싱글 보일러의 작동 방식은 서모블록 머신과 비슷하지만, 물이 금속관을 통과하지 않고 특정 온도에서 더 많은 물을 담고 있다는 점이 다르다. 서모블록 머신과 마찬가지로 언제든지 추출에 필요한 물이나 스팀을 생성할 수 있지만 동시에 작업할 수는 없다. 이 보일러의 장점은 저렴한 서모블록 머신보다 반복 가능성이 크고 변화량이 많지 않다는 것이다.

열 교환식 보일러

열 교환식 보일러는 싱글 보일러를 기반으로 변형한 것으로, 아마 가정용 고급 에스프레소 머신과 업소용 머신에 가장 일반적으로 사용되는 기술일 것이다. 보일러가 고온 상태에서 작동하므로 스팀을 항상 사용할 수 있다. 추출에 사용될 물은 별도의 파이프 내부에 있는 스팀 보일러를 통과한다. 그 뜨거운 스팀을 통과할 때, 파이프 주변의 열이 물에 전달되어 수온이 추출 온도까지 올라간다. 서모블록 머신과 마찬가지로, 물이 시스템을 통과하는 속도에 따라 물이 뜨거워지는 방식이 결정된다. 이는 많은 열 교환식 머신에 열사이펀(thermosyphon)이라는 2차 시스템이 있다는 뜻이다. 그로 인해 물은 열교환기의 상단에서 그룹 헤드로 재순환한 뒤, 열 교환이 일어나기 직전에 다시 시스템으로 돌아갈 수 있다.

물이 뜨거울수록 밀도가 낮으므로 시스템 내부에서 흐름을 만들면서 상승하는데, 이 때문에 물은 끊임없이 순환한다. 또한 이러한 물의 움직임은 그룹 헤드의 온도 유지에 도움이 된다. 이것이 없다면 그룹 헤드는 차가워지고 커피 추출에 나쁜 영향을 미칠 것이다.

이처럼 가장 인기 있는 장치가 최초로 장착되어 대중화된 에스프레소 머신은 훼마사의 E61이었다. 그 명칭은 이 머신이 선보인 1961년에 있었던 일식에서 유래했다. 오늘날에도 E61 스타일의 그룹 헤드는 여전히 인기가 있지만, 다른 열 교환식 시스템과 기술도 이용되고 있다.

일반적으로 열 교환식 보일러는 일관된 온도 프로파일을 생성하지 못하지만, 수정되어 그 기능을 수행하는 것도 있다. 또한 이 보일러는 여전히 온도 서핑 루틴에서 이익을 얻어 최대한 활용할 수 있다. 마지막으로 온도 제어 방식에는 두 가지가 있다. 좀 더 저렴한 방식은 간단한 기계식 온도 조절 장치인데, 정확한 설정이 어렵고 드라이버로 돌려서 조절해야 한다. 두 번째 방식은 디지털 제어로 그 인기가 점점 높아지고 있다. 이 방식은 종종 PID 제어로 설명하는데, 정확한 온도 조절을 위해 프로세서에 수학을 이용한다. 쉽게 말해서 디지털 온도 조절이라고 할 수 있다. 여기에서 대개 스팀 보일러의 온도를 조절하고 있으므로 어느 정도의 전환이 필요하다. 스팀 보일러는 추출수를 섭씨 93도로 만들기 위해 섭씨 120도로 설정해야 할 수도 있다. 많은 경우, 원하는 추출 온도에 맞는 스팀 온도에 대해 제조업체가 설명안내서를 제공하고 있다. 만약에 안내서가 없으면, 온라인의 소비자 커피 포럼에서 이 머신에 대한 논의를 찾아보는 것이 좋다.

듀얼 보일러

카페에서 듀얼 보일러 머신의 사용이 증가한 것은 에스프레소 맛의 향상 때문이 아니라 커피에 첨가되는 우유량 증가에 부합하는 것이었다. 에스프레소가 미국화된 빠른 서비스의 레스토랑 모델로 전 세계로 퍼져나가고 카푸치노를 점점 큰 컵으로 제공하면서, 카페들은 커피 음료를 만드는 데 더 많은 스팀이 필요해졌다. 열 교환식 보일러는 전통적인 이탈리아 에스프레소를 염두에 두고 제작했기 때문에, 바리스타는 스티밍 밀크의 양을 줄여서 더 진한 에스프레소를 제공했다. 수요를 맞추기 위해 스팀 보일러의 온도를 높이면, 추출 온도가 높아졌고 그 때문에 커피 맛이 나빠졌다.

듀얼 보일러 머신은 그 문제를 해결하기 위해 만들어졌지만, 열렬한 에스프레소 팬에게는 새로운 가능성이 열렸다. 이 머신에는 한 개의 스팀 전용 보일러와 완전히 별도의 보일러 한두 개가 있어서 원하는 추출 온도를 유지한다. 두 개의 필요한 조건이 분리되어 에스프레소 추출 온도를 잘 제어할 수 있었고, 이 기술에 추출 보일러의 PID 디지털 제어를 빠르게 접목해 정확도가 높아졌다.

일반적으로 듀얼 보일러 머신은 보일러와 열판과 전자제품이 더 많이 들어 있어, 카페나 가정에서 사용하기에 가격이 좀 더 비싸다. 또한 특정 온도로 저장된 물을 이용하기 때문에 추출 온도가 더 일정하게 유지된다.

Brewing Controls 추출 제어

일부에서는 에스프레소 추출을 확실하게 제어해야 하는 것으로 보기 때문에, 추출 과정은 수동으로 제어해야 하는 과정이다.

그러나 일관된 추출을 유지하기 위해 에스프레소 머신에 자동 제어 기능이 있기를 원하는 사람들도 있다. 일부 머신은 버튼 하나를 누르면 추출액의 양을 조절할 수 있으며, 그 방법은 머신마다 다양하다.

수동 조절

가장 저렴한 머신은 추출액의 양을 아예 조절하지 않는다. 펌프의 'on/off' 스위치가 있고, 추출을 언제 멈출지는 사용자가 결정한다. 저렴한 머신은 그에 대한 안내가 아예 없지만, 일부는 적어도 얼마나 추출했는지를 알려 주는 '샷 타이머'가 있다.

시간 기준의 조절

이 방법은 비교적 드물게 사용되는 조절 방식인데 아마 타당한 이유가 있을 것이다. 이 방식을 채택한 머신은 30초 동안 작동한 후 멈추도록 프로그램되어 있을 수 있다. 에스프레소 추출의 특성 때문에, 1회 분량이나 분쇄도, 퍽 준비에 변화를 주면 정해진 시간 내에 머신이 추출할 수 있는 양이 크게 바뀐다는 뜻이다. 원하는 추출량을 얻을 때까지 시간을 항수로 두고 분량과 분쇄도를 조절할 수 있지만, 이 방법이 별로 직관적이지 않다고 생각하는 사람들도 있다. 이 방법의 장점은 추가 부품의 필요 없이 머신이 조절하는 간단한 방법이므로, 가격이 좀 더 저렴하다는 것이다.

추출수량 기준의 조절

이 방법은 업소용 머신의 가장 일반적인 조절법이지만, 가정용 머신에서는 상대적으로 추가 비용이 거의 들지 않는다. 이 기술에는 시스템에서 수차(水車)처럼 생기고 그 살들 중 하나에 자석이 있는 유량계가 이용된다. 물이 지나가면서 바퀴가 회전하는데, 측정기를 통과하는 자석이 바퀴의 회전수를 계산한다. 정해진 횟수가 지나면, 정해진 양의 물이 시스템을 통과했다고 가정하고 머신은 추출을 멈춘다.

이런 유량계는 잘 작동하지만, 아주 정확한 것은 정말 비싸다. 따라서 커피 머신에 이용되는 유량계는 다양할 수 있다. 또한 유량계가 측정하는 것은 커피에 주입된 물의 양이지, 퍽을 통과해 추출된 양이 아니다.

MANUAL
MANUAL

유량계 측정에 관해 일반적으로 머신의 요구에 따라 사용자가 작동을 시작하고 끝내야 하며 머신은 그 내용을 기록했다가 나중에 재생한다. 물의 양은 밀리리터로 변환해 표시하는 머신도 있고, 유량계의 회전수를 표시하는 것도 있다. 후자의 경우 아주 추상적이며 다행히 보기 드물다.

무게 기준의 조절

이 기술은 가장 정확하며 반복할 수 있다. 실제로 컵에 담기는 추출액의 양을 측정하고 그 정보를 이용해 추출을 제어하고 중단하기 때문이다. 하지만 이 기술은 상대적으로 고가의 방법이며 컵이 저울 위에 놓여 있다는 사실을 유념해야 한다. 추출하는 동안 컵을 옮겨도, 머신은 사용자가 컵을 살짝 누르는 것인지 아니면 에스프레소가 담기고 있는 것인지를 구별하지 못한다. 따라서 일단 추출이 진행되면 가능한 한 컵을 건드리지 않는 것이 좋다.

현재로서는 이것이 최신 기술이며 아마 가장 고가일 것이다. 일부 머신은 블루투스를 통해 스마트 저울과 연동될 수 있지만, 이 역시 많이 사용되지는 않는다. 제어의 관점에서 보면 분명 가장 바람직한 방법이지만, 경제적으로는 현명하지 못하다고 생각할 사람도 있다.

기타

밀크 스티밍: 머신이 물의 온도를 높이는 방식은 밀크 스티밍을 위해 물을 데우는 방식과도 연관되어 있다. 서모블록이나 싱글 보일러 머신(173~176쪽 참조)은 스팀을 생성할 수 있을 정도로 뜨거워지려면 스팀 모드에 들어가 있어야 한다. 따라서 동시에 커피도 만들고 밀크 스티밍도 할 수는 없다. 종종 스팀 압력까지 만들지 못해 스티밍이 약간 어려워지는 머신도 있다.

대부분 에스프레소 머신에 있는 표준 스팀파이프의 금속으로 된 노즐에는 1~4개의 작은 구멍이 있다. 그러나 일부 제조업체들은 밀크 스티밍의 해결책을 자체적으로 만들어 냈는데, 대부분은 플라스틱 부품을 부착해서 사용자가 많이 생각하거나 할 필요 없이 우유에 공기가 주입되게 했다. 그 품질은 조악한 것부터 괜찮은 것까지 다양하지만, 대부분은 청결하게 유지하는 것이 문제다. 나는 그런 것들을 별로 추천하지 않지만, 이미 갖고 있다면 제조업체의 설명서대로 따르는 것이 가장 좋다.

최근에는 몇몇 제조업체에서 표준 스팀파이프처럼 생긴 자동 스팀파이프를 만들어 냈는데, 솔직히 말해서 그 결과가 아주 인상적이었다. 밀크 스티밍 기술을 배우는 데 관심이 없다면 대안으로 자동 스팀파이프를 추천한다.

머신에 표준 스팀파이프가 있다면, 텍스처가 훌륭한 우유 거품을 만들 수 있을 것이다. 하지만 밀크 스티밍을 얼마나 빨리하고 훌륭한 텍스처를 얼마나 쉽게 얻을 수 있는지에 대해서는 약간 차이가 있다.

포타 필터의 크기: 이것은 중요하게 고려해야 할 사항처럼 보일 수도 있지만, 머신의 업그레이드 여부에 영향을 준다. 따라서 기존 머신을 처분하고 더 좋은 머신을 구매할 때까지 기존 머신의 소유 기간에 영향을 줄 수 있다.

가장 일반적인 에스프레소 바스켓의 크기는 58밀리미터다. 따라서 다른 크기의 바스켓보다도 이 크기에 맞는 부속품이 가장 많다. 선택할 수 있는 탬퍼도, 시도해 볼 바스켓도 더 많다. 그 외에도 57밀리미터, 54밀리미터, 53밀리미터, 51밀리미터가 일반적이다. 훌륭한 머신이지만 58밀리미터 바스켓을 사용하지 않는 것도 있으므로, 누군가가 바스켓 크기가 다른 머신을 구입한다고 해서 그 사람을 제지하고 싶지는 않다. 그러나 그 결정으로 인한 결과를 아는 것이 중요하다.

스마트 기기/블루투스 연결: 주방에 있는 스마트 기기는 시간과 돈 낭비일 때가 많다. 또 대부분은 인터넷 연결기기에 대해 한 번 더 생각해 볼 것을 추천한다. 그렇다고 연결기기 중에 잘 만들어지고 튼튼하며 안전한 것이 없다는 말은 아니지만, 흔치 않은 것은 사실이다.

확인하면 좋을 한 가지 유용한 특징은 머신이 자동으로 켜지는 내장 시계와 기능이다. 대부분의 에스프레소 머신이 충분히 뜨거워지려면 20분 넘게 걸린다. 이 기능이 없다고 해서 문제 될 것은 없지만, 일반적으로 간단한 타이머 플러그만 있어도 이 문제를 충분히 해결할 수 있다.

How to Make Espresso 에스프레소 만드는 법

이제 실제로 에스프레소 만드는 과정을 이야기하려고 한다. 여기에서는 만드는 방법에 대한 설명 그 자체와 함께, 왜 집에서 에스프레소를 만들려고 하는지에 대해서도 보다 자유롭게 이야기하려고 한다

처음에는 이 부분이 에스프레소 과정에서 불필요하게 복잡한 것으로 생각될 수도 있지만 나는 그렇게 생각하지 않는다. 에스프레소를 고수하는 미신적인 의식주의를 없애고, 추출한 에스프레소의 품질에 대해 가장 큰 만족을 주는 것부터 설명할 생각이다.

내 목표는 에스프레소 추출 과정에서 최소한의 노력으로 가장 훌륭한 에스프레소를 추출하는 것이다.

나는 에스프레소 만드는 과정을 시간 순서에 따라 주요 4단계로 나누었는데, 도징과 분쇄, 고른 분포, 탬핑, 추출이다.

이 부분을 읽기 전에 먼저 특히 148~153쪽의 '에스프레소의 원리'와 158~159쪽의 '그라인더 조절'을 꼭 읽어 보도록 한다.

1. 도징과 분쇄

에스프레소를 만드는 과정은 먼저 분쇄 커피의 도징 분량을 정하는 것으로 시작한다. 더블 바스켓의 경우 14~22그램 정도다. 정밀하게 제작된 바스켓이라면 권장 분량이 담길 것이며, 아마 1그램 이상의 차이는 나지 않을 것이다. 분량이 이보다 많다면 추출이 잘될 정도로 곱게 분쇄되지 않을 것이고, 분량이 이보다 적다면 추출은 잘되겠지만 이후에 퍽이 잘 만들어지지 않을 것이다.

도징을 조절하는 방법은 그라인더에 따라 달라진다. 일반적으로 나는 투입된 원두 전량을 분쇄하도록 설계된 싱글 도즈(일 회분 원두 통) 그라인더를 추천한다. 한편, 호퍼에 가득 채우도록 설계된 주문형 그라인더는 시간 또는 무게를 기준으로 도징한다.

싱글 도즈 그라인더를 사용할 때는 커피의 무게를 분쇄 직전에 측정해야 하며, 그라인더에 정전기가 생기면 분무기로 물을 분무한다. 이렇게 하면 분쇄할 때 정전기가 많이 줄어든다.

분쇄 후 분쇄량을 한 번 더 확인한다. 그라인더에 남아 있는 커피의 양이 늘 같다면 장기적으로 이 단계를 신경 쓰지 않아도 되지만, 많은 그라인더의 경우 매번 한 번 더 확인하는 것이 좋다. 호퍼가 있는 주문형 그라인더라면, 매번 분쇄 후 무게를 측정하는 것을 추천한다.

1 원두의 무게를 측정한다.

2 정전기 방지를 위해 분쇄 전 원두에 물을 분무한다.

3 분쇄된 커피의 무게를 측정하는 것이 좋다.

2. 고른 분포

아마 이 단계는 추출 과정에서 (특정 도즈에 적합하게 분쇄하는 것을 제외하고) 가장 중요한 부분일 것이다. 균일한 추출을 결정하는 것은 고른 분포로, 추출한 에스프레소의 맛에 막대한 영향을 끼친다.

많은 그라인더가 분쇄된 커피를 포타 필터로 바로 담게 설계되어 있지만, 사실 대부분의 그라인더는 그렇게 하지 않는 것이 유익하다. 분쇄되자마자 도징 컵에 들어간 커피를 흔들어준 뒤 포타 필터로 옮겨 주면 뭉쳐 있는 분쇄 커피를 부수는 데 도움이 된다.

대신에 바스켓에서 와이스분포기술(Weiss Distribution Technique, WDT) 도구를 써서 이 작업을 할 수 있다. 이 도구는 구매해도 되고, 3D 프린터를 이용해 프린팅을 할 수도 있으며, 3D 프린터를 청소할 때 쓰는 와인 코르크와 바늘로 만들어도 된다. 이 도구를 쓰면 뭉쳐 있는 분쇄 커피 가루를 부술 뿐만 아니라 분쇄 커피 가루를 고르게 분포시킬 수도 있다.

분포 도구 중에 작은 지느러미 같은 핀이 있어서 바구니에 얹어 놓으면 회전하는 것이 있다. 나는 그 효용성에 대해 의문이 드는데, 그것은 퍽 전체가 아닌 상부 3분의 1 정도에만 영향을 주기 때문이다. 차라리 WDT 도구에서 얻은 결과가 더 좋고 상당히 일관되었다. 회전 분포 도구를 사용해 유용했다면 굳이 사용하지 말라고 하지는 않겠지만, 나라면 보다 효과적이고 저렴한 도구를 선택하겠다.

1 분쇄 커피가 포타 필터 바스켓에 고르게 담기지 않을 수도 있다.

2 WDT 도구가 뭉쳐 있는 커피를 부수는 데 도움이 되기도 한다.

3 분쇄 커피를 포타 필터 바스켓에 고르게 분포시킨 후 추출해야 한다.

3. 탬핑

역사적으로 탬핑은 에스프레소 만들기에서 지나치게 강조된 것 같다. 탬핑을 하는 목적은 커피 퍽을 압착해 가능한 한 공기를 빼내고 커피 층의 표면을 고르고 평평하게 만드는 것이다. 이 관점에서 보면 탬핑은 입자의 문제가 아니라 잘 되었느냐 아니면 부실하게 되었느냐의 양자택일 문제다. 퍽을 완전히 압착한 것이 느껴질 정도로 세게 눌렀는가 아니면 세게 누르지 못했는가? 세다는 것은 얼마나 센 것인가? 15킬로그램힘(kgf)처럼 측정 기준은 다양하다. 실제 목표로서 그것은 나쁘지 않지만, 체중계를 주방 조리대에 갖다 놓지 않고는 그것이 정확히 어느 정도인지 또는 그 느낌은 어떤지 알기 힘들다. 그리고 내가 보상에 비해 많이 노력하는 것에 찬성하는지 잘 모르겠다. 좀 단순하지만 내가 쓰는 측정 기준은 커피가 폭신하고 물렁하다는 느낌이 들지 않을 때까지 누르는 것이다. 어떻게 보면 엉터리 같지만, 효과는 상당히 좋다.

에스프레소를 처음 접하는 많은 사람이 일정치 않은 물 붓기의 원인을 탬핑으로 돌리고 싶겠지만, 실제로 그 원인은 다른 곳에 있을 가능성이 더 크다. 그렇다고 탬핑이 추출 문제의 원인이 절대 아니라는 뜻은 아니다. 가장 먼저 탬퍼가 바스켓에 잘 맞는지를 확인해야 한다. 정확하게 잘 맞을수록 더 좋으므로 대부분의 정확한 바스켓 제조업체들은 자사 바스켓에 맞는 탬퍼 바닥의 정확한 크기를 알려 준다.

1 탬퍼가 포타 필터에 가능한 한 정확하게 맞는지 확인한 뒤 커피가 폭신하고 물렁하다는 느낌이 들지 않을 때까지 누른다.

2 손가락 끝으로 탬퍼 바닥의 윗면을 만져보고 평평하고 고른지 확인한다.

바닥 크기뿐만 아니라 탬퍼가 사용자의 손에 잘 맞는지도 확인해야 한다. 문손잡이를 잡을 때처럼 탬퍼를 잡아야 하며, 탬핑을 할 때 팔꿈치는 정확히 손목 위에 있어야 한다. 그래야 손목 부상의 염려 없이 안전하게 힘을 가할 수 있다. 전문 바리스타들에게는 손목 부상이 아주 현실적인 문제다. 조리대에 나사가 튀어나와 있는 것을 상상해 보자. (실제로 비틀지 않고) 나사를 끝까지 돌려 박기 위해 드라이버 잡는 법을 따라 하면 도움이 될 수도 있다.

탬퍼를 완전히 눌렀으면, 탬퍼가 평평하고 고른지 확인하기 위해 손끝으로 바스켓 벽과 탬퍼 바닥이 맞닿은 윗면을 만져 보면 된다. 커피 층의 평탄화가 물이 커피 퍽 전체에 균일하게 흐르도록 하는 것이 아주 중요한 만큼, 이 시점에서 사소한 조정은 할 수 있다. 이때 탬퍼를 비틀거나 돌리는 사람들이 있다. 나도 바리스타가 된 지 얼마 안 되어 이 습관을 갖게 되었다. 이 습관이 추출에 큰 영향을 주지 않고 이 습관을 버린다고 크게 좋은 점이 없다 해도 이 습관을 버리기가 힘들었다. 추출 과정에서 한 단계라도 줄일 수 있다면, 그 방법을 추천하겠다. 목표는 언제나 가장 간단하고 가장 쉬운 방법으로 에스프레소를 만드는 것이어야 한다.

바스켓의 가장자리까지 커피를 치밀하게 압착했는지 확인하면 다음 단계로 진행해도 된다.

4.추출

많은 에스프레소 머신이 포타 필터를 장착하기 전에 그룹 헤드에서 물을 조금 흘려보내면 좋다. 카페에서는 이 작업을 이전 샷에서 샤워 스크린에 남아 있던 커피 찌꺼기를 씻어 내기 위해서 하지만, 가정에서도 샤워 스크린을 깨끗이 하기 위해 이 작업부터 시작하는 것이 좋다. 종종 이 작업은 머신의 온도를 안정시키는 데 도움이 된다. 머신이 과열되었으면 이 작업으로 온도가 약간 떨어질 것이고, 반대로 아직 예열이 안 되었으면 온도가 약간 올라갈 것이다. 온도 서핑을 하는 이 과정은 다행히도 가열 기술의 발전과 함께 서서히 사라지고 있다. 사실 이 작업은 사용자에게는 불만스럽고 물과 에너지 모두를 낭비하는 습관이다. 그리고 정확히 물을 얼마나 흘려보내야 원하는 온도가 되는지를 아는 데도 실험하느라 시간이 걸리고 간혹 온도 측정기도 필요하다.

가장 좋은 습관은 커피를 그룹 헤드에 오래 두지 않고 바로 추출하는 것이라고들 한다. 커피가 그룹 헤드에 오래 있을수록 더 뜨거워지기 때문에, 이는 추출의 전반적인 온도가 살짝 더 뜨거워지고 그 결과 커피에서 쓴맛이 나기 시작할 수 있다는 뜻이다. 사실 20~30초 정도는 크게 걱정할 정도가 아니지만, 일관된 추출 과정이 중요하므로 나는 지금도 포타 필터를 장착하자마자 추출을 하는 것이 좋다고 권한다.

저울은 가까운 곳에 두어야 한다. 대부분 머신은 추출 버튼을 누르고 커피가 나올 때까지 5~10초가 걸린다. 그 정도면 저울을 드립 트레이에 놓은 뒤 그 위에 컵을 놓고 영점조절을 하기에 충분한 시간이다. 그러나 커피 만들기는 테스트가 아니며 재미있는 과정이어야 한다. 따라서 추출 버튼을 누르기 전에 모두 준비해 두는 것이 좋으면 그것도 나쁜 선택은 아니다.

에스프레소 머신에 추출 타이머가 내장되어 있으면 좋겠지만, 없다 해도 많은 커피용 저울에 타이머가 있고 그것도 없으면 휴대폰을 사용하면 된다. 추출 시간을 기록하면 유용하다. 스위치를 켜는 순간부터 시간 기록을 시작한다. 진정한 추출 시간은 커피와 물이 접촉하기 시작하는 때부터다. 추출액이 나오기 시작하는 때부터라고 말하는 사람도 있지만 나는 추출 버튼을 누르는 순간부터라고 강력하게 주장한다. 일반적인 의견에 따르면 전통적인 에스프레소는 추출하는 데 25~35초 걸린다고 한다. 훌륭한 에스프레소 레시피의 사례가 많이 있는데 일반적인 시간보다 더 빠른 것도 있고 더 느린 것도 있다. 하지만 나는 보다 새로운 방법으로 실험부터 하기 전에 먼저 기본적인 에스프레소 레시피에 익숙해지는 것이 좋다고 생각한다.

일부 머신의 경우, 시간이나 주입되는 물의 양, 아주 드물지만 컵에 따라지는 추출액의 무게에 따라 알아서 작동이 멈춘다(178~180쪽 참조). 그러나 대부분 머신은 수동으로 중단시켜야 한다. 대부분 저울의 경우, 원하는 레시피에 따라 추출액의 목표 무게에서 2그램 정도 부족할 때 머신의 작동을 멈추는 것이 좋다. 아직도 에스프레소가 컵에 추출되고 있으며 일부 저울은 약간 지체 현상이

있기 때문이다. 추출을 몇 차례 해 보면 정확히 언제 작동을 멈추어야 필요한 무게의 추출액을 얻을 수 있는지 알게 될 것이다.

바텀리스 포타 필터를 사용하면 추출되는 모습이 보이는데, 물길이 있으면 그것을 확실히 볼 수 있을 것이다. 간혹 색이 아주 옅은 부분이 보일 것이고, 최악의 경우 구멍 하나에서 커피가 비스듬하게 뿜어져 나오는 모습이 보일 것이다. 이것은 물길이 심하게 생성되었다는 뜻이다. 추출이 크게 잘못되어 에스프레소가 너무 묽어 보이지 않는 한 스파웃 포타 필터로는 이런 모습을 보기가 더 힘들다.

따라서 이론적으로는 바텀리스 포타 필터가 낫지만 두 가지 단점이 있다. 첫째, 샷을 나누어 싱글 에스프레소 두 잔을 만들 수 없다(때로는 나누어 마시는 것이 좋다). 두 번째, 사용자의 성격과 에스프레소에 대한 접근법에 따라 추출할 때마다 결점이 보일 것이다. 이 때문에 에스프레소에서 즐거움을 느끼지 못할 수도 있다. 바텀리스 포타 필터가 진단적으로 유용하다는 것은 의심의 여지가 없지만, 때로는 그냥 보면서 아름다워 보인다고 생각하며 크게 걱정하지 않는 것도 괜찮다.

추출이 끝나면 바로 에스프레소를 즐기는 것도 좋지만, 사용한 커피 퍽을 빨리 꺼내는 것이 좋다. 그다음은 샤워 스크린의 세척이다(전반적인 세척과 관리 유지 순서에 대해서는 214~218쪽에서 설명한다).

Milk Steaming 밀크 스티밍

밀크 스티밍 원리부터 설명한 후 기술도 설명한다.

제대로 스티밍된 우유 거품이 들어간 커피 음료는 커피의 달콤함과 아주 부드러운 텍스처를 더해 주어 근사하다. 훌륭한 우유 거품을 마이크로폼(microfoam)이라고 하는데, 거품이 아주 미세해 육안으로는 거의 보이지 않기 때문이다. 거품이 작을수록 탄탄해 마이크로폼으로 만든 음료는 마지막 한 모금까지 마시멜로처럼 폭신하고 크림처럼 매끄러우며 가벼우면서도 풍부한 텍스처가 유지된다. 그 목표를 알게 되면 스티밍 기술을 익히는 데 도움이 되고, 그 과학적 원리를 이해하면 원하는 질감을 그대로 수월하게 만들어 낼 수 있고 질감이나 스티밍에 생긴 문제를 진단하기가 보다 용이하다.

우유 거품이 생기는 이유

여기에서는 거품이 생기는 과학적 원리를 간단하게 다루어 보려고 한다. 이 원리는 동물성이든 식물성이든 다양한 종류의 우유에 적용된다. 거품이 생성되기 위해서는 두 가지가 필요한데, 첫째 액체에 기포가 들어가야 하고, 둘째 액체에 함유된 것이 발포제로 작용해 안정된 거품에 공기를 가두어야 한다. 대부분 우유에서는 그 역할을 단백질이 한다.

단백질은 아미노산이 결합한 덩어리며, 그중에는 물과 친하지 않은 소수성 단백질도 있다. 대부분 상황에서 이런 소수성 단백질은 결국 서로 마주 보게 되는데, 이 때문에 종종 단백질의 모양이 뒤틀리고 복잡해지기도 한다. 휘젓기 같은 기계적 작용이나 열에 의해 이 단백질에 물리적 힘이 가해지면, 단백질은 소수성 단백질이 분리된 정도로 변성한다. 분리된 소수성 단백질은 이제 물이 아닌 것을 찾게 되는데, 딱 좋은 것이 기포다. 단백질이 기포를 감싸면 소수성 단백질은 공기 쪽으로, 나머지 단백질은 물 쪽으로 향한다. 이런 종류의 단백질을 계면활성제라고 한다.

머랭을 만들다가 달걀노른자가 흰자에 섞이는 실수를 한 적이 있다면, 지방이 거품 형성에 부정적인 역할을 할 수 있다는 사실을 알 수 있다. 지방은 소수성 단백질을 끌어들이기 위해 공기와 경쟁을 한다. 지방이 거품 형성을 억제하거나 거품을 빨리 부수는 이유가 바로, 이 때문이다.

동물성 우유를 스티밍할 때, 우유에 함유된 지방은 이중 역할을 한다. 탈지우유는 전지우유보다 공기를 더 쉽게 받아들여서 보다

안정된 거품을 만든다. 그렇다고 탈지우유로 훌륭한 커피 음료를 만들기가 더 쉽다는 뜻은 아닌데, 사람들은 그 반대로 생각한다.

또한 지방의 유무에 따라 음료의 텍스처뿐만 아니라 커피 향미의 배출도 변화한다. 지방이 있으면 향미가 느리게 배출되고 은은하게 퍼진다. 탈지우유를 넣은 카푸치노는 커피 향미가 강하지만 얼마 안 되어 사라진다. 반면에 전지우유가 들어가면 커피 맛은 그렇게 강렬하지 않아도 향미가 입안에 오래 남는다.

동물성 우유는 종종 지방 때문에 어떻게 해도 거품이 잘 일지 않을 때가 있다. 그 지방의 대부분은 트리글리세리드라는 형태로 존재하는데, 그 모양이 등뼈인 글리세롤에서 지방산 3개가 떨어져 나와 'E'자처럼 이상하게 생겼다. 이 트리글리세리드가 분해되면 유리지방산 3개와 약간의 글리세롤이 남는다. 글리세롤은 단백질을 끌어들이기 위해 공기와 치열하게 경쟁하고 생성된 거품을 금세 가라앉힌다. 지방이 분해된 우유는 거의 거품이 일면서 쉬익 소리가 날 것이고(스티밍 후 우유병에 귀를 가까이 대면 분명히 들을 수 있다), 마이크로폼의 미세한 거품이 빠르게 점점 큰 거품을 형성하는 것처럼 보인다. 그런 우유가 꼭 나쁜 맛이 나지는 않을 수도 있지만, 그것으로는 어떻게 해도 훌륭한 마이크로폼을 만들지 못한다. 이런 우유의 지방 분해는 우유를 생산한 동물의 먹이 때문인 경우가 간혹 있지만, 그보다는 보관을 잘못했기 때문인 경우가 더 많다. 투명 유리병에 든 우유가 좋아 보이지만 나는 피하고 싶다. 특히 직사광선은 맛에는 큰 영향을 주지 않지만, 금세 우유의 기포성 문제를 일으킬 수 있다.

대체품으로서의 식물성 우유

요즘은 커피에 넣는 동물성 우유의 대체품을 찾는 사람들에게 그 어느 때보다도 많은 선택지가 있다. 오랫동안 커피전문점에서는 사실상 우유 대신에 두유를 사용했지만, 최근 몇 년 동안 귀리 우유의 사용이 높게 증가했다. 좋은 귀리 우유 브랜드가 여럿 있지만, 홈 카페용으로는 특히 커피 전용 제품이 좋다. 식물성 우유의 다수는 시리얼, 요리와 제빵 등 전통적 용도에 맞는 것이며, 일반적으로 이런 제품들을 커피에 사용하면 제맛이 안 나거나 스티밍이 잘 안된다. 대부분 브랜드에서는 커피 전용 제품을 생산하고 있다. 그중에는 맛과 텍스처 면에서 동물성 우유에 더 가까운 제품도 있고, 그냥 커피와 더 잘 어울리는 제품도 있다. 몇 가지를 시도해 보고 취향에 맞는 제품을 찾는 것이 좋다.

온도

지금까지 커피전문점들이 긴장했던 순간들이 여러 번 있었지만, 그중 하나는 고객은 더 뜨거운 커피를 원하는데 바리스타는 너무 뜨겁게 만들고 싶지 않았을 때였다. 이 문제의 원인은 실제로 우유의 내재적 결함 때문이다. 우유는 온도가 섭씨 68도를 넘어가기 시작하면 거품 형성에 관여하는 단백질이 영구적으로 변성되고 분해되기 시작한다. 더 뜨겁게 가열할수록 단백질이 더 많이 분해되기 때문에, 텍스처가 나빠질 뿐만 아니라 분리되고 새로운 맛과 향이 나기 시작한다. 조리된 우유에서는 상당히 독특한 냄새가 나는데, 아미노산이 분리되면서 황화수소가 방출되는 것이 일부 원인이다. 조리된 달걀에서 황 냄새가 나는 것도, 아기의 토 냄새를 떠올리는 사람이 있는 것도 이 때문이다.

단백질 분해는 온도와 시간의 함수라는 점을 주목하는 것이 좋다. 우유를 섭씨 60도까지 데운 뒤 완전히 식힌 다음, 다시 스티밍을 하면 전보다 낮은 온도에서 단백질이 분해되는 냄새와 맛을 느끼기 시작할 것이다. 보존기간이 긴 우유는 살균 처리된 것으로, 이보다 훨씬 높은 온도에서 1~2초 가열된 후 냉장된다.

이 모든 내용은 가장 맛있는 우유음료에는 온도 상한선이 있음을 뜻한다. 맛보다는 뜨거운 것이 더 중요하다는 사람들도 있지만, 대부분은 약간 덜 뜨겁더라도 달콤하고 텍스처가 좋은 음료를 더 좋아한다. 많은 사람에게 섭씨 60도는 바로 마시기에는 뜨거운 온도이며, 종종 마음가짐을 바꾸어 우선 음료를 더 뜨겁게 하기보다는 얼마나 기다려야 마실 수 있는가에 신경 쓴다.

내 경험상 온도는 식물성 우유의 향미와 텍스처에도 영향을 미친다. 동물성 우유와 아주 같지는 않아서 조리된 식물성 우유는 냄새가 확연히 다르고, 함유된 단백질 일부가 분해되면서 새로운 향을 풍기는 것처럼 보인다. 텍스처 역시 높은 온도에서 잘 유지되지 않는 것 같다.

또한 필수는 아니지만, 스티밍을 시작할 때 냉장고 온도(섭씨 4도 정도)의 우유로 하는 것이 좋다. 차가운 우유로 시작하면 밀크 스티밍 전 과정이 훨씬 쉬워지고 더 좋은 거품을 만들 수 있다.

밀크 스티밍 기술

밀크 스티밍 기술은 육안으로는 거의 보이지 않는 아주 미세한 거품을 만들어서 결과물로 기분 좋은 텍스처와 천연의 단맛을 지닌 맛있는 우유음료를 내놓는 기술이다. 이 과정에서 해야 할 일은 세 가지다. 우유에 공기를 주입하고, 가능한 최고 텍스처의 거품을 만들고, 우유를 데우는 것이다. 이 중에서 우유를 데우는 것이 가장 중요하다.

이 세 가지 과제는 별개의 것으로 생각하는 것이 좋다. 우유를 스티밍하는 과정에서 이 과제들을 서로 다른 시간에 다른 방식으로 처리해야 하기 때문이다. 대개 사용자는 스팀파이프를 사용할 때 다른 어떤 일을 하고 있었든 상관없이 우유를 데우는 일만 하려 하지만, 이 과정은 두 단계로 나뉠 수 있다.

1단계: 공기 주입하기

흔히 이 단계를 '스트레칭(공기주입)'이라고 하는데, 영어권의 커피 업계에서는 이 용어가 이미 자리를 잡은 것처럼 보인다. 이 단계의 목표는 스팀파이프를 떠난 증기의 힘을 이용해 우유에 공기를 주입하는 것이다. 파이프의 팁을 우유 표면 바로 위에 놓으면 공기가 주입된다. 공기가 주입되는 것을 눈으로 볼 수도 있고 귀로 들을 수도 있다. 공기가 주입되어 우유가 스팀 피처 안에서 팽창하기 시작하면 쉭쉭 소리가 나기 때문이다.

> **스팀파이프에 대해**
>
> 여기에서는 전통적인 스팀파이프로 스티밍하는 기술을 설명하고 있다. 일반적으로 스팀파이프는 스테인리스스틸로 되어 있고 그 끝에 팁을 돌려서 끼울 수 있다. 파이프 팁에는 1~4개의 작은 구멍이 있다. 스팀은 손잡이나 버튼을 통해 조절할 수 있다. 이런 전형적인 스팀파이프와 많이 다른 스팀파이프는 특허 기술일 수도 있으며 이 경우 제조업체의 사용 설명서를 따르는 것이 가장 좋다. 그러나 무엇보다도 중요한 것은 그 제품이 구현하려고 한 기술을 이해하는 것이며, 그것은 잠재적인 문제 진단에 도움이 된다.

우유를 스티밍하기 전에 만들려고 하는 거품의 양을 미리 결정해야 한다. 거품을 두껍게 얹은 전통적인 카푸치노를 만들려고 한다면, 마이크로폼 층이 훨씬 얇은 플랫 화이트를 만들 때보다 공기를 더 많이 주입해야 한다.

이 첫 단계에서 공기를 얼마나 주입해야 하는지 정확하게 설명하기는 어렵다. 부피를 10~20퍼센트 부풀린 우유는 라테나 플랫 화이트에 적합하고, 이렇게 거품을 낸 우유로 라테 아트 기술을 발휘할 수 있다. 전통적인 카푸치노를 만들 경우, 처음에는 50~60퍼센트 정도 부풀리는 것이 좋다. 이 우유 거품은 마시멜로처럼 두툼하고 근사하다. 우유가 첨가된 커피에 절대적인 기준은 없으며, 가정에서 에스프레소 장비를 갖추는 즐거움 중 하나는 자신이 가장 즐겨 마시는 음료를 직접 만들 수 있는 기술을 익히는 것이다. 따라서 시행착오를 겪으며 보내는 시간은 아주 가치 있는 시간이 될 것이다.

손으로 만졌을 때 우유가 따끈해지기 전에 공기주입을 반드시 완료해야 하며, 빨리 마칠수록 좋다. 텍스처에만 신경 써야 하는 다음 단계는 시간이 더 오래 걸리기 때문이다.

2단계: 세게 휘젓기

밀크 스티밍의 두 번째 단계에서 할 일은 앞에서 만든 거품을 가능한 한 작게 부수는 것이다. 이를 위해 파이프의 팁을 우유 표면 바로 아래에 두는데, 주 파이프와 연결된 지점까지 우유에 담가야 한다. 하지만 우유 피처 바닥에 닿으면 안 된다.

파이프가 우유 속에 있으므로 스팀으로 우유가 요동칠 것이다. 이 단계는 아주 고요해야 하며, 피처 안에서 어떤 소리도 들려서는 안 된다. 스티밍이 진행되면서 피처 한가운데에서 소용돌이가 형성되고, 더 큰 거품이 그 안으로 휩쓸려 들어가는 것이 보일 것이다. 이 작업을 오래 할수록 완성된 거품의 텍스처가 더 좋아진다. 우유 온도에 상한선이 있으므로, 가능한 한 빨리 두 번째 단계로 들어가야 한다.

피처 안에 있는 파이프의 위치가 중요하다. 제자리에 있지 않으면, 우유가 회전하면서 필요한 소용돌이가 만들어지기 어려울 것이다. 이어서 밀크 스티밍의 순서를 단계별로 자세히 설명하겠지만, 이 단계에서는 소용돌이가 형성되고 있는 것을 지켜보면서 제대로 작용하고 있는 것이 보일 때까지 파이프 끝의 위치를 조정해야 한다.

2단계 과정에서 파이프나 거품이 잘 보이도록 불투명한 우유 대신에 물을 사용했다.

밀크 스티밍 순서

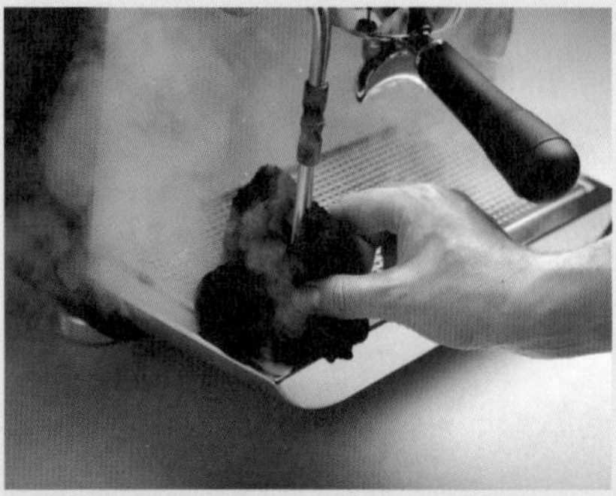

1 크기가 적당한 스테인리스스틸 재질의 스팀 피처를 준비한다. 우유를 최대 피처의 주둥이 아래까지만 채운다. 우유가 차가운지 확인한다. 낭비를 최대한 줄이고 싶다면 원하는 양의 무게를 측정해도 된다. 머신이 스팀을 만들 수 있는 온도인지 확인한다. 이 단계를 위해 추가로 가열해야 하는 머신도 있다. 스티밍 직전에 스팀파이프를 드립 트레이 쪽으로 향하게 하고, 밸브를 열어 파이프 팁에 고여 있던 물기를 제거한다. 이제 비교적 물기가 없는 스팀이 보일 것이다. 행주로 파이프를 감싸서 지저분해지는 것을 막는다. 스팀이 뜨거우므로 조심한다. 파이프를 잡아당겨서 45도 정도로 비스듬하게 만든다.

2 피처의 주둥이를 머신 쪽으로 향하게 놓고(주둥이를 스팀파이프의 가이드로 사용), 피처를 들어 올려 파이프 팁을 우유에 넣는다. 단, 너무 깊이 넣지 않도록 한다. 파이프를 계속 주둥이에 두고서 피처를 약간 옆으로 기울인다. 스팀파이프의 밸브를 완전히 연다. 바로 피처를 내려서 파이프 팁이 우유의 표면에 거의 닿게 한다. 이제 공기가 주입되면서 쉭쉭 소리가 들릴 것이다. 필요한 만큼 공기가 주입되었으면, 피처를 조금 들어 올려 파이프가 우유에 몇 센티미터 정도 잠기게 한다. 파이프가 피처의 바닥까지 닿으면 안 된다.

스티밍 시작 전에: 먼저 에스프레소를 만들어 놓고, 밀크 스티밍을 한다. 그렇게 해도 맛이 크게 떨어지지 않는다. 약간 식기는 하겠지만, 뜨거운 우유를 부으면 온도의 균형이 잘 맞춰질 것이다.

3 우유에 소용돌이가 생겼는지 확인한다. 피처를 옆으로 더 기울여야 할 수도 있다. 우유가 거세게 회전하는 것이 보일 것이다. 피처 옆면에 손을 대보고 원하는 온도가 되었으면 스티밍을 멈춘다. 대부분 사람이 섭씨 55도 정도까지는 견딜 수 있으므로, 뜨거워서 피처를 잡기 힘든 정도에서 3~5초 더 스티밍을 하면 된다. 시행착오를 몇 차례 거치면 원하는 온도를 찾을 수 있다.

스티밍을 멈추자마자, 피처를 옆으로 치워 두고 스팀파이프를 깨끗이 닦는다. 젖은 행주로 파이프에 묻은 우유를 닦은 뒤, 파이프를 드립 트레이 쪽으로 향하게 하고 스팀 밸브를 잠깐 열어서 남아 있는 우유를 제거한다.

4 아직은 스티밍한 우유를 부을 준비가 되어 있지 않은 상태다. 피처를 작업대 위에다 두어 번 톡톡 쳐서 남아 있는 큰 거품을 터뜨린다(왼쪽 위).

큰 거품이 터졌으면 와인잔을 돌리듯이 피처를 돌려 우유와 거품이 섞이게 한다. 그 과정에서 새로운 거품이 생겨서는 안 된다. 이제 우유에 윤기가 보이면 준비가 된 상태다(오른쪽 위). 우유 거품을 커피에 붓고 즐기면 된다.

온도계: 밀크 스티밍을 할 때 사용할 수 있는 온도계가 다양하게 있다. 저렴한 다이얼 온도계는 대부분 반응이 너무 느리고 정확하지도 않고, 성능은 디지털 온도계가 뛰어나다. 그러나 사람들에게 스티밍한 우유 온도를 측정해 보라고 하는 것은 지나친 감이 있다. 나 역시 그렇다.

우유 - 문제 해결을 위한 제안

사람들이 원하는 텍스처의 우유 거품을 얻으려고 할 때 가장 크게 힘들어하는 점은 마이크로폼의 거품이 생각보다 크게 생성되는 것인데, 가능성 있는 원인은 다음과 같다. 먼저 공기가 너무 늦게 주입되어 두 번째 단계(199쪽 참조)에서 작은 거품으로 부술 시간이 충분치 않았다. 따라서 공기를 주입할 때보다 일찍, 공격적으로 하려고 노력해야 한다.

다음은 증기압이 충분하지 않았다. 밸브를 조금만 열었다면, 텍스처가 좋은 우유 거품을 만들기가 몹시 어렵다. 스팀 보일러를 가열해 적당하게 높은 온도로 올릴 때 전력이 부족한 경우에도 이 문제가 생길 수 있다. 스팀파이프에서 스팀이 너무 세게 나오면, 특히 우유의 양이 적다면 파이프 팁을 같은 압력이지만 스팀을 조금 덜 배출시키는 팁으로 바꾸는 것이 좋다. 흔히 이런 팁을 '저유량(low-flow)' 팁이라고 한다. 이런 팁에는 공장의 표준 규격보다 구멍의 수가 적거나 크기가 작을 수 있다. 100밀리리터보다 적은 양을 스티밍하는 일이 자주 있다면, 머신에 맞는 저유량 팁을 구비해 놓을 것을 적극 권한다. 대개 팁을 파이프에 연결하는 나사산은 표준 규격이므로 어렵지 않게 교체 부품을 구할 수 있을 것이다.

한편 우유의 상태가 좋지 않으면 미세한 거품이 처음에는 좋아 보여도 금세 꺼져서 큰 거품으로 될 것이다. 귀를 가까이 대보면 청량음료처럼 쉬잇 하는 소리가 실제로 들릴 정도다. 이런 우유는 아마 맛은 괜찮을 테니, 기한이 남아 있으면 다른 용도로 사용하는 것이 안전하다. 그러나 그 지방의 일부는 아마 분해되어 있을 것이고 거품이 꺼지는 원인이 된다.

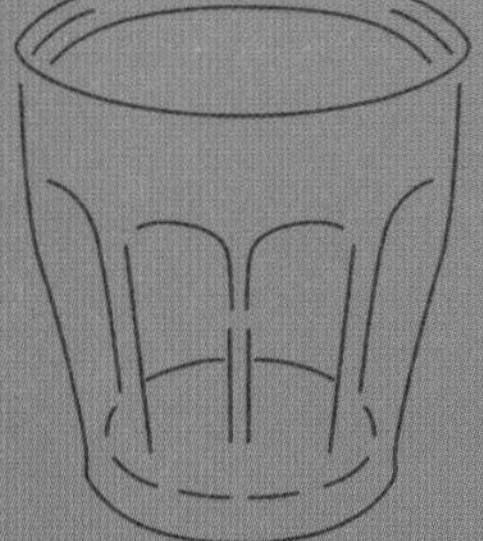

Take One Espresso...

에스프레소의 응용

Espresso Drinks and Recipes

에스프레소 음료와 레시피

이제 에스프레소를 베이스로 한 다양한 음료를 다루고 그 이면에 숨겨진 이야기들을 소개해 보려고 한다.

거의 완벽한 카푸치노 레시피를 소개하는 것은 사실 불가능하다. 카푸치노 레시피가 라자냐 레시피보다도 많을 수 있기 때문이다. 하지만 약간의 역사와 주변 이야기를 통해 그 레시피가 구현하려고 한 것을 여러분이 이해할 수 있길 바란다. 그것을 알게 되면 스스로 즐길 수 있는 자기만의 레시피를 만들 수 있게 될 것이다.

에스프레소 Espresso

에스프레소는 고압으로 추출을 한 소량의 진한 커피다. 에스프레소는 그 진한 정도뿐만 아니라 크레마라고 하는 적갈색의 거품층으로 구분된다. 에스프레소에 대한 아이디어가 처음 등장한 것은 20세기로 접어들 즈음이었다. 당시에 증기압을 이용해 물을 커피에 빠르게 주입해 필터 스타일의 커피를 진하고 빠르게 추출할 수 있는 새로운 머신이 등장했다. 그 명칭은 영어와 아주 많이 비슷하게, '빠르다'와 '짜낸'의 두 가지 뜻이 있는 이탈리아어에서 유래한다. 영어의 'express'도 급행열차(express train)처럼 '빠르다'의 뜻과 함께 '짜낸'의 뜻이 있다.

현대 에스프레소의 기원은 아킬레 가찌아(Achille Gaggia)가 에스프레소 머신을 개발했던 1948년으로 거슬러 올라간다. 가찌아는 레버를 써서 커다란 스프링을 압축시켰고, 이 스프링은 피스톤 원리에 의해 뜨거운 물을 커피 층에 통과시켰다. 이것은 9바 정도의 아주 높은 압력으로 에스프레소를 추출한 첫 사례였고 커피 음료에 독특한 거품이 올라간 첫 사례이기도 했다. 가찌아의 고객들이 새롭게 나타난 커피 위의 거품을 의심했기 때문에 그는 그 거품을 커피의 천연 크림, '크레마 카페 나투랄르(crema caffe naturale)'라고 소개했다. 천재적인 마케팅 기술이었다.

스페셜티 커피의 대중화 추세로 에스프레소 레시피를 정의하기가 약간 까다로워졌다. 그 기준이 싱글이 아닌 더블 에스프레소 추출이 되었기 때문이다. 로스팅 회사나 온라인에서 볼 수 있는 대부분의 에스프레소 레시피는 더블 바스켓을 사용하고 추출액이 한 잔용이라고 가정한 것이다. 이런 이유로 이탈리아식 표준 에스프레소 레시피(싱글 에스프레소)는 사람들이 온라인에서 말하는 것과 상당히 거리가 멀어 보인다.

에스프레소 콘파냐 Espresso con Panna

에스프레소 위에 소량의 휘핑크림을 올린 간단하면서도 맛있는 레시피다. 조금 저어 주면 가장 맛있게 마실 수 있지만, 진하고 뜨거운 커피 위에 대조를 이루며 하얗게 떠 있는 시원한 크림을 보는 것도 만족스럽다.

마키아토 Macchiato

마키아토를 영어로 번역하면 '표시된' 또는 '얼룩진'의 뜻이다. 이 커피 음료는 이탈리아의 분주한 에스프레소 바에서 태어났다. 당시에 에스프레소 바는 바리스타가 에스프레소를 빠르게 추출해 카운터에 늘어놓으면 손님이 가져가는 방식으로 운영되었다. 이때 누군가가 우유를 조금 넣어달라고 하면서 작은 문제가 생겼다. 크레마 때문에 우유가 들어간 에스프레소를 알아볼 수 없었기 때문이다. 이 문제를 해결하기 위해 바리스타들은 우유가 들어간 에스프레소에 우유 거품 한 스푼을 올려놓기 시작했다.

현대에 들어와 마키아토는 상당히 달라져서 에스프레소 커피에 스티밍한 우유를 가득 채운 에스프레소를 일컫게 되었다. 그 배경에는 최고의 커피 음료를 만드는 것보다 라테 아트 솜씨를 뽐내고 싶어 하는 바리스타들이 있었다. 커피와 우유의 비율은 거의 1:1에 가까워졌다. 고전적인 마키아토와 현대적인 마키아토 둘 다 사람들이 많이 즐기는 음료지만, 그로 인해 사람들은 마키아토를 주문하며 약간 헷갈리게 되었다.

스타벅스에서 캐러멜 마키아토라는 음료를 출시하면서 커피 업계의 혼란은 더 커졌다. 회사로서는 이 음료가 크게 성공했지만, 전통적이지도 않고 현대적이지도 않은 이 음료 때문에 마키아토라는 음료에 대해 또 다른 기대가 만들어졌다. 스타벅스의 캐러멜 마키아토는 커다란 우유 거품에 캐러멜 소스로 표시한(또는 얼룩진) 음료다.

에스프레소 로마노 Espresso Romano

자주 볼 수는 없지만 그 느낌을 좋아한다면 한번 마셔 볼 만한 커피 음료다. 전통적으로 레몬 한 조각이나 레몬 제스트(레몬이나 라임 등의 껍질을 가늘게 채 치거나 잘게 썬, 향을 내는 재료-역주)를 함께 제공하는 에스프레소다. 이 음료를 재현하고 싶은 사람은 자신이 즐겨 마시는 에스프레소 스타일에 따라 레몬 조각이나 레몬 제스트 중에서 하나를 선택하면 된다. 레몬 조각은 다크 로스팅 커피에 맛있는 산미를 더해 주지만, 라이트 로스팅 커피에는 불쾌한 신맛을 주고 맛의 균형을 깨트린다. 제스트는 신맛은 없고 레몬 향만 있으므로 음료에 근사한 향을 더해 주면서 아마 더 안전한 선택이 될 것이다.

코르타도 Cortado

코르타도는 변형된 형태가 많은 음료다. 특히 전통적인 코르타도와 현대적인 코르타도는 매우 다르다. 과거에 이 음료를 가장 흔하게 볼 수 있었던 곳은 스페인과 포르투갈이었다. 당시 커피와 스티밍한 우유의 비율은 1:1로, 큰 유리잔에 제공되었다. 이 지역에서는 전통적인 이탈리아 에스프레소보다 좀 더 길게 그리고 좀 더 묽게 추출했고, 이런 특징은 코르타도의 특징이 되었다.

현대의 스페셜티 커피 전문점에서는 어떤 코르타도를 마실 수 있을지 예측하기 힘들다. 에스프레소와 우유의 비율은 1:1에서 최고 1:3까지도 가능한데, 바리스타가 에스프레소에 라테 아트를 그렸는지와 관계가 있다.

피콜로 라테 Piccolo Latte

실제로 이탈리아에는 없지만 이탈리아어로 된 커피 음료는 드물지 않으며, 피콜로 라테도 그 좋은 예다. 이 음료는 이탈리아 밖에서 처음 만들어졌지만, 이탈리아어 이름 덕분에 일종의 신빙성이 생기고 사람들에게 기대를 불러일으켰을 가능성이 높다. 그 이름은 작은 카페 라테를 연상시키며 실제로 주문해 받는 음료도 거의 같다. 커피와 우유의 비율은 1:3에서 1:4이며, 거의 유리잔에 제공된다. 일반적으로 스티밍한 우유를 에스프레소 위에 얇게 부어 거품층을 만든다.

아메리카노 Americano

아메리카노에 대해 제2차 세계 대전이 끝난 후, 이탈리아에 주둔한 미국 군인들이 에스프레소에 물을 타달라고 요청한 것이 기원이라는 이야기를 들어 보았을 것이다. 그러나 우리가 아는 에스프레소는 1948년에서야 등장했으며, 그 후로도 몇 년 동안은 인기가 별로 없었다. 따라서 아메리카노라는 이름이 붙은 것은 필터추출 커피에 필적하도록 에스프레소에 물을 탔는데, 이것을 사람들이 미국인들의 커피 취향과 연결했을 가능성이 더 크다.
아메리카노의 레시피는 에스프레소 샷 한두 잔에 뜨거운 물을 섞어 희석하는 것이다. 뜨거운 물을 먼저 준비하고 그 위에 에스프레소를 더하거나 반대로 해도 맛에는 큰 차이가 없다. 뜨거운 물부터 준비하면 커피가 더 맛있어 보여서 나는 그쪽을 선호한다. 그리고 아메리카노를 마시기 전에 크레마를 걷어내 본 적이 없다면 꼭 걷어내 보길 바란다. 쓴맛이 줄어들어 커피 맛이 더 좋아진다.
일반적으로 커피와 물의 비율은 개인 취향에 따라 1:3부터 1:6까지 다양하다.

롱 블랙 Long Black

롱 블랙은 아메리카노와 아주 비슷하지만, 유래한 지역이 다르다. 이 커피는 호주와 뉴질랜드 사람들이 많이 마신다. 전통적으로 그 양이 꽤 많고, 더블 리스트레토(156쪽 참조, 당시 유행하던 에스프레소 스타일)를 추출한 것이다. 그래서 롱 블랙은 진하고 맛이 풍부하다. 일반적으로 1:3부터 1:4의 비율이다.

카푸치노 The Cappuccino

카푸치노는 이탈리아 음료처럼 보일지 모르지만, 사실 생긴 곳은 오스트리아다. 1800년대 말, 오래된 비엔나커피 하우스에는 카푸치너(kapuziner)라는 음료가 있었다. 웨이터는 커피와 우유를 조금씩 섞어 가며 카푸친회(중세 가톨릭 수도회의 하나-역주) 수사들이 입던 의복의 색과 같은 갈색을 만들었다. 상당히 난해한 색상 선택이었지만, 카푸치노는 커피전문점 외의 장소에서 특정한 색조의 갈색을 지칭할 때도 사용되었다. 고객은 커피 색상을 구체적으로 지정함으로써 커피의 진한 정도와 향미에 대한 취향을 드러낼 수 있었다.

에스프레소 머신의 인기가 높아지면서, 증기압을 이용해 우유를 가열하고 거품을 만드는 기술도 인기를 끌었다. 그렇지만 카푸치노에 대한 기본 개념은 그대로 유지되었다. 즉 카푸치노는 커피 향미가 강하고 커피와 우유가 혼합된 음료였다. 하지만 어느 순간에 3등분 규칙이 생겼는데, 카푸치노는 에스프레소와 우유, 거품이 각각 3분의 1씩 있어야 한다는 것이었다. 이 규칙이 깔끔하고 쉽게 느껴져서 약 75밀리리터의 전통적인 한 샷 카푸치노가 만들어졌을까? 아니, 그렇지 않다. 그런 적은 없었다. 내 생각에는 누군가가 이 규칙을 내세운 것은 에스프레소를 부을 때 거품과 우유를 동량으로 부은 것처럼 우유 거품과 에스프레소도 같은 방식으로 혼합해야 한다는 점을 알리고 싶었던 것 같다. (그래서 카푸치노는 동량의 거품과 우유가 섞인 에스프레소라고 말하면 혼란스럽지만 옳은 말이다.) 이탈리아의 대부분 지역에서 한 샷 카푸치노는 150밀리리터 컵에 제공되며 두껍고 폭신한 거품층이 있다. 이 때문에 커피의 향미가 많이 희석되지 않는다. 가장 일반적인 레시피는 커피와 우유의 비율이 1:3 또는 1:4이며, 그 위에 적어도 1~2센티미터의 거품을 얹는다.

현대에 들어와 많은 스페셜티 커피전문점이 거품의 양을 다양하게 달리해 올린 소량의 아주 진한 커피 음료를 제공하면서 카푸치노의 정의는 정말 모호해졌다. 그리고 이제 대형 프랜차이즈 커피전문점들에는 거품 많은 대용량 카푸치노가 있다.

카페 라테 Caffe Latte

라테 대신에 카페 라테라고 주문하면 우쭐대는 것 같을 수도 있지만, 이탈리아를 여행한 사람들에게서 라테라고 주문했다가 우유를 받았다는 이야기를 많이 들어서 나는 제대로 확실하게 주문해야겠다고 생각했다. 어쩌면 이탈리아의 바리스타는 카페 라테가 이탈리아에서는 흔한 음료가 아니기에 더 혼란스러웠을 것이다. 아마 카페 라테는 이탈리아가 아닌 나라에서 처음 만들어졌고 나중에 이름이 이탈리아식으로 바뀐 것 같다.

카페 라테의 개념은 간단하다. 커피 향미가 조금 나는 달콤한 우유 같은 음료다. 꽤 괜찮은 커피 음료지만, 유감스럽게도 카페 라테는 커피를 좋아하지 않는 사람들을 위한 음료라는 편견이 여전히 존재한다. 그런 편견과 상관없이, 카페 라테는 세계에서 가장 인기 있는 커피 음료일 것이다.

전자동 머신이 등장하면서 라테 마키아토가 인기를 끌었다. 이 음료는 우유를 먼저 붓고 그 후 에스프레소를 조심스럽게 부어 층을 만든다. 간혹 이탈리아에서 볼 수 있지만, 대개는 가정에서 모카포트로 만든다.

라테는 대부분 에스프레소 두 샷이 들어가지만 일반적으로 우유 거품이 약간 있는 우유가 더 많이 들어갈 수 있도록 커다란 컵에 제공된다. 비율은 1:4부터 1:7까지다.

플랫 화이트 Flat White

플랫 화이트의 기원에 대해 호주와 뉴질랜드 간에 여전히 논쟁이 있지만, 그냥 두 나라라고 하면 안전할 것 같다. 스페셜티 커피가 부상하는 동안 많은 곳에서 플랫 화이트는 현대적인 커피 트렌드의 조용한 상징이 되어 메뉴판에 플랫 화이트가 있으면 고급 카페라는 지표가 되었다. 그래서 품질에 큰 관심 없는 카페 주인들과 프랜차이즈 기업이 이 음료를 메뉴에 넣는 데는 오래 걸리지 않았다.

그 탄생 경위를 생각해 보면, 플랫 화이트는 지금 다시 인기를 끌고 있다. 원래 플랫 화이트는 바다 거품처럼 수상한 거품이 수북한 카푸치노가 인기를 끌자 그에 대한 반응으로 나왔을 것이다. 날아갈 것 같은 거품이 잔뜩 있는 커피와 우유를 원하지 않던 사람들은 말 그대로 하얀 거품이 납작하게 있는 커피를 원했다. 그래서 탄생한 커피가 플랫 화이트였고, 그 후 소량의 진한 라테라는 설명이 가장 잘 맞는 음료로 서서히 바뀌었다.

플랫 화이트의 양은 대개 150~180밀리리터이며, 항상 더블 에스프레소에 스티밍한 우유를 부어 얇은 거품층을 만든다. 그 결과 카푸치노 같은 커피 맛에 라테와 같은 텍스처의 거품층이 있다. 비율은 진한 1:2부터 1:4까지 가능하지만, 1:3이 가장 일반적인 것 같다.

카페 코레토 Caffe Corretto

카페 코레토는 다른 나라들보다 이탈리아에서 더 흔하게 볼 수 있다. 더욱더 기쁜 것은 술이 약간 들어갔거나 술을 곁들여서 마시는 에스프레소의 이름이라는 것인데, 그 뜻은 '바로잡은 커피'다. 대개 에스프레소 옆에 브랜디나 그라파(포도 찌꺼기를 증류한 이탈리아의 술-역주), 다른 증류주 소량을 곁들여서 제공한다. 흔히 저녁 식사 후에 소량의 설탕과 함께 마신다. 술을 거의 빈 컵에 부어서 잔을 빙글빙글 돌린 뒤 마신다. 이것은 재미있는 의식이며, 맛의 관점에서 보면 시너지 효과가 있을 수 있다. 또 약간 화끈하고 소화를 돕는 칵테일을 맛보기 위해 아예 커피에 술을 첨가해 제공하기도 한다.

모카 Moccha

이 음료에 왜 모카라는 이름이 붙었는지 잘 알려지지 않았다. 모카는 대개 에스프레소 한두 샷이 들어간 핫 초콜릿이다. 초콜릿 자체가 이미 커피처럼 복합적이고 매혹적이며 쇼콜라티에의 솜씨에서 나오는 향미뿐만 아니라 테루아를 가득 품고 있다. 그런데도 모카는 문화적으로 비방을 받고, (마치 진지함이 기쁨이나 고급을 알려 주는 유용한 지표인 양) '진지하지 않다'며 부당하게 치부되는 또 다른 음료다. 이름에 대한 가장 그럴듯한 설명은 예멘에 있는 모카(Mokka) 항구에서 유래한다는 것이다. 커피의 역사에서 일찍부터 인기 있었던 블렌딩 커피는 모카 자바다. 처음에는 예멘의 모카와 인도네시아의 자바에서 산출된 커피를 혼합했지만, 곧 산지가 다르더라도 흙냄새와 초콜릿 향이 있는 블렌딩 커피를 일컫는 명칭이 되었다. 그리고 어쩐 일인지 이것이 현재 우리가 아는 모카 음료로 바뀌었다.

사실상 모카에 대해 합의된 비율은 없다. 그래서 초콜릿이 아주 많이 들어간 것도 있고, 커피가 더 많이 들어간 것도 있는데, 음료에 들어간 초콜릿의 진한 정도에 따라 달콤해지고 맛이 풍부해진다. 요즘에는 모카 위에 라테 아트를 올리지만, 가장 즐기는 맛을 알아내는 데는 별로 좋지 못한 생각인 것 같다.

기타

물론 그 밖에도 인기 있는 커피 음료와 레시피는 많다. 비체린(Bicerin: 이탈리아 토리노의 전통 음료로, 에스프레소와 초콜릿, 우유 거품이 3층을 이루는 커피-역주), 매직(Magic: 주로 호주 멜버른 지역에서 볼 수 있으며 플랫 화이트와 비슷하나 그보다 진하고 양이 적음-역주), 지브롤터(Gibraltar: 미국 블루보틀 커피숍의 라테잔이 지브롤터라는 회사 제품이라 붙여진 이름-역주), 레드아이(Red Eye: 에스프레소 한 샷에 드립커피를 섞어 향과 농도가 짙은 미국 커피-역주) 등에 대해서 얼마든지 이야기할 수 있다. 지역에 맞게 변형된 에스프레소 음료들이 있는데, 여행하며 그런 커피들을 찾아 맛보는 것도 큰 즐거움 중 하나다. 특이한 커피를 준비해 주는 바리스타들은 일반적으로 그 음료와 만드는 법에 관해 이야기하는 것을 아주 좋아한다. 사람들이 그것들을 재현해 보고 싶을 수 있지만, 그 목록을 장황하게 늘어놓다 보면 이 책은 사람들이 보고 싶어 하지 않는 연구 논문이 될 것이다.

Cleaning and Maintaining Your Equipment 기구 세척과 관리

커피 머신의 세척에 관해 모든 커피 머신은 세척이 필요하다는 의견과 모든 커피 머신을 매번 세척하는 것은 효용이 떨어진다는 의견이 팽팽하게 맞서고 있다.

커피 머신을 매일 철저하게 세척한다면 머신과 미각은 고마워하겠지만, 그것이 시간을 가장 잘 활용하는 방법인지는 잘 모르겠다.

머신을 매일, 하루 종일 사용하는 카페에서는 불쾌한 향미가 빠르게 쌓이는 것을 막기 위해 영업 중과 마감 때 일과로 정해야 하므로 세척에 대한 규칙과 권고 사항이 있을 수 있다. 그러나 가정에서 사용하는 커피 머신은 다르다. 이제 머신을 세척해야 하는 이유, 방법, 자신에게 가장 잘 맞는 세척 순서를 정하는 법 등을 설명하려고 한다.

에스프레소 머신

에스프레소 머신이 커피 장비 중에서 가장 깨끗해야 하는 이유는 두 가지다. 첫째, 대부분 머신의 그룹 헤드에서 압력이 배출되는 과정의 특징을 보면 머신 내부에 커피 찌꺼기가 있는지를 알 수 있기 때문이다. 9바 미만의 압력에서 추출하면 커피에 가해지는 압력이 커진다. 추출을 마친 후 포타 필터를 안전하게 치우기 위해, 에스프레소 머신 대부분에는 그룹 헤드에 밸브가 있어서 남아 있는 압력을 위로 보내 그룹 헤드와 배수관을 통해 드립 트레이로 역류 배출시킬 수 있다. 이렇게 압력을 배출시키는 것은 일 회 분량이 적은 바스켓의 경우 추출이 끝나면 부서진 찌꺼기들이 걸쭉하게 남아 있기 때문이다. 그룹 헤드를 통한 압력의 역류 배출은 본질적으로 퍽을 파열시키기 때문에, 팽창해야 할 공간이 더 많을수록 더욱 지저분해질 것이다.

이 때문에 남아 있는 커피 추출액뿐만 아니라 고운 커피 찌꺼기까지 그룹 헤드로 올라간다. 이 잔류물은 아주 뜨거운 그룹 헤드에 금세 말라붙어서 쌓이기 시작할 것이다. 그룹 헤드의 물을 빼서 흘려보내서 바로 헹구면 도움이 되지만 그래도 조금씩 쌓인다. 또 바로바로 물을 빼고 헹구기를 잊기 쉽고, 많은 에스프레소 머신이 샷을 뽑은 후 꽤 오랫동안 전원이 켜진 채로 있게 된다. 커피를 많이 만들수록 잔류물이 많아질 것이고, 잔류물이 그룹 헤드 안에서 열을 받는 시간이 길어질수록 물로만 없애기가 힘들어지고 추출하는 에스프레소는 점점 나쁜 맛이 커질 것이다.

그룹 헤드를 제대로 세척하기 위해 가능하다면 먼저 샤워 스크린부터 빼내야 한다. 대부분 가운데 있는 스크린 고정 나사를 풀면, 스크린이 떨어진다. 간혹 추가로 금속 덩어리(샤워 홀더라고 함)가 있는데, 이것은 추출하는 동안 커피 퍽에 물을 고루 분사하도록 돕는다. 이 부품들을 싱크대로 가져가서(뜨거우므로 조심해야 한다) 세제로 문질러 닦아야 한다. 향이 너무 강하지 않은 주방세제를 사용하면 된다. 또한 그룹 헤드의 밑면(샤워 홀더가 놓인 곳)에서 잔류물을 닦아내야 한다. 고무로 된 그룹 개스킷에도 커피 찌꺼기가 남아 있지 않도록 한다. 이제 모든 부품을 제자리에 놓은 뒤, 에스프레소 머신용 세제로 백플러싱이라는 세척 작업을 하면 된다. 이 작업에는 소량의 에스프레소 머신 전용 세제와 세척용 블랭크 바스켓(바닥에 구멍이 없는 바스켓)이 필요하다. (머신을 구입할 때 블랭크 바스켓이 포함되지 않았으면, 즉시 온라인에서 구입하도록 한다.)

에스프레소 머신을 백플러싱할 때 중요하게 기억해야 할 점은 대부분의 세척이 그룹 헤드가 작동하지 않을 때 이루어진다는 것이다. 처음에 그룹 헤드를 장착시켜서 펌프를 작동시키면,

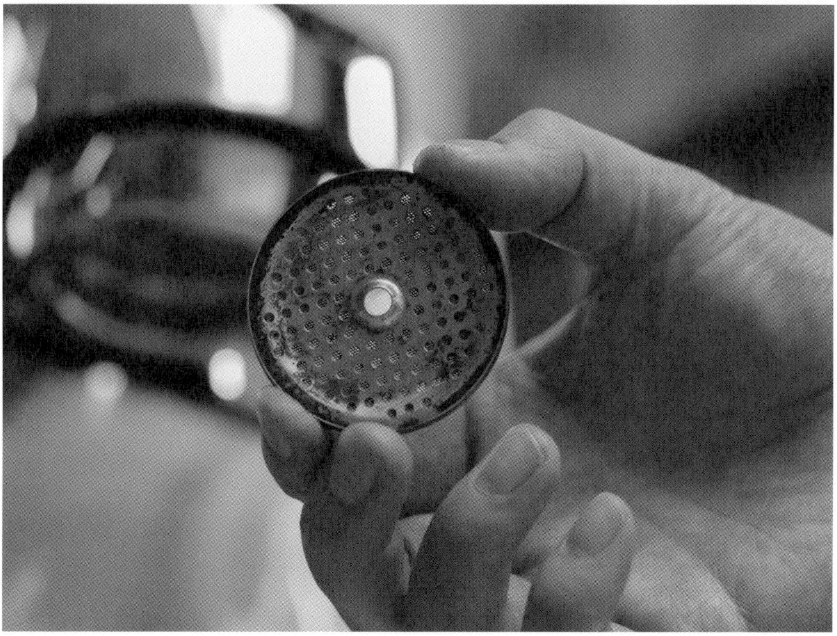

세제가 녹기 시작하지만 바스켓 밖으로는 거의 흘러나오지 않는다. 일단 펌프를 멈추면, 녹은 세제액이 그룹 헤드로 빨려 올라가 찌꺼기에 작용하기 시작한다. 머신이 너무 지저분한 상태가 아니라면, 일반적으로 5초 작동, 10초 멈춤의 세척 사이클을 5~6회 반복한다. 그 후 포타 필터를 빼서 헹군 뒤, 다시 장착한다. 깨끗한 물로 5초 작동, 5초 멈춤의 백플러싱을 5회 정도 반복한다. 그룹 헤드를 작동해 추출된 물이 깨끗하지 않거나 화학제품 냄새가 나면 백플러싱을 더 한다.

이 과정에서 현실적인 질문이 생긴다. 이런 세척 과정을 얼마나 자주 해야 하는가? 앞에서 말했듯이, 이에 대한 논쟁이 매일 일어날 수 있다. 하지만 하루에 에스프레소를 두세 잔만 만든다면, 매일 세척하는 것은 과하다. 내가 추천하는 방법은 매일 물로 씻어 내고 사용 빈도에 따라 2일이나 3일, 5일, 7일에 한 번씩 전용 세제로 세척하는 것이다. 머신마다 상황이 다르므로 적절한 횟수를 말하기는 곤란하다. 그 횟수는 얼마나 지저분한지에 달려 있다. 포타 필터를 뺐을 때 샤워 홀더와 샤워 스크린의 상태가 어떠한가? 아주 더러운가? 그렇다면 더 자주 청소하면 된다.

그라인더

그라인더를 세척하는 빈도수는 부분적으로 그라인더 제조사와 모델에 따라 달라진다. 일부 그라인더는 아주 고운 커피 가루가 아주 빠르게 쌓인다. 이에 따라 그라인더가 원하는 정도보다 더 뜨거워질 수 있고(커피 가루는 좋은 절연체다) 추출한 커피에서 불쾌한 맛이 날 수 있다. 또한 일부 그라인더는 자주 열 수 있도록 제작되어 사용자가 고장을 내거나 부품을 잘 맞추지 못할 위험을 줄였다. 부품을 제대로 맞추지 못하면 그라인더의 기능과 품질을 해칠 수 있기 때문이다.

생쌀을 이용해 버 그라인더와 버가 있는 분쇄 공간을 청소하는 방법에 대해 들어 보았을 것이다. 그러나 나는 이 방법을 권하는

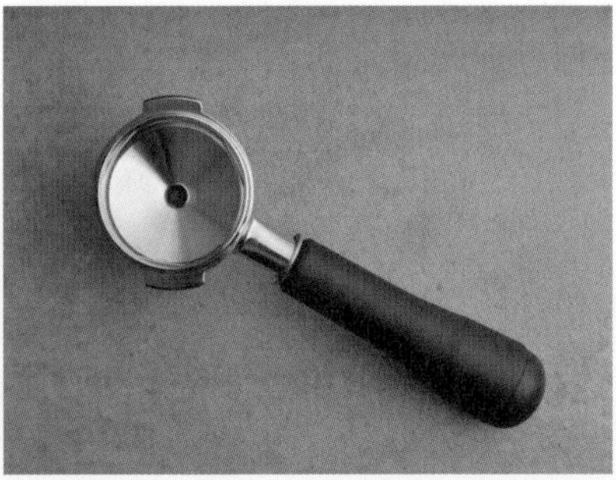

제조업체를 본 적이 없고, 한번 시도해 보았다가 사후품질보증을 받지 못하게 될 수도 있다. 그러므로 시도해 볼 때는 위험을 각오하고 해야 한다. 기본적으로 커피콩 모양의 청소 제품을 본 적이 있다. 이런 제품은 성능이 꽤 좋지만, 아마 평소에 사용하기에는 너무 비쌀 것이다.

그라인더를 열어서 분해하는 것이 편하다면, 가장 좋은 방법은 분쇄 공간을 열고, 남아 있는 커피 가루를 진공 청소한 뒤 작은 솔을 넣어 붙어 있는 가루들을 털어 내는 것이다. 특히 분쇄 커피가 나오는 배출구에 주의를 기울이도록 한다. 분쇄 공간의 연결 부위에 커피 가루가 끼지 않도록 아주 조심해야 한다. 그라인더를 완전히 분해하기가 어렵다면, 적절한 진공 청소 도구로 때때로 흡입하는 것이 어느 정도 도움이 될 것이다. 그리고 커피 가루가 압착되어 쌓인 것이 보이면 바로바로 솔로 털어 준다.

그라인더의 외부 부품도 주기적으로 청소해야 한다. 호퍼가 있는 그라인더로 미디엄 또는 다크 로스팅 원두를 분쇄할 경우, 호퍼에 커피 기름이 아주 빠르게 쌓인다. 기름은 금세 산화되어 나쁜 냄새가 나기 때문에 쌓이게 두면 안 된다. 호퍼가 쉽게 빠지면, 세제를 탄 물로 잘 씻고 충분히 헹군 뒤 완전히 마르면 다시 끼운다.

추출기

추출기는 깨끗하게 관리하기가 비교적 쉽다. 흔히 간과하기 쉬운 곳은 드리퍼의 바닥과 카라페(추출기에 있을 경우)다. 에스프레소 머신은 대부분 짙은 색이기 때문에 필터 바스켓과 그 바닥에 있는 밸브(일부 머신) 주변에 커피 찌꺼기가 쌓여도 못 보고 넘어가기 쉽다. 이 부분은 세제를 묻혀 문질러 닦고 헹구어야 한다. 기억날 때마다 매주 하면 쉽게 할 수 있다.

카라페는 손으로 세척하기가 어렵다. 처음처럼 깨끗하게 되돌리는 가장 좋은 방법은 에스프레소 머신용 세제를 수북하게 한 테이블스푼(또는 커피 스쿱)을 넣고 아주 뜨거운 물을 붓는 것이다. 물을 부으면서 세제를 완전히 녹이고 몇 시간 불린 뒤(밤새 불려도 된다) 잘 헹군다. 이렇게 하면 대부분 새 제품처럼 깨끗해진다.

석회 자국 제거

커피를 추출하는 물은 다루기 쉬운 주제가 아니므로, 자세한 내용은 41~48쪽을 참조하도록 한다. 유감이지만 추출에 가장 좋은 물은 미네랄이 함유된 물이라 석회 자국이 생길 수밖에 없다. 따라서 커피 장비를 갖추고 추출을 하는 사람이라면 석회 자국을 제거하지 않을 수 없다. 이 작업을 자주 한다면 그 과정이 별로 힘들지 않을 것이다. 내가 추천하는 방법은 구연산의 사용이다. 구연산은 저렴하고 구매도 아주 쉬우며 우리가 섭취해도 안전하기 때문이다. 나는 대개 5퍼센트 농도의 용액을 만들어서 사용하지만, 석회 자국을 자주 제거하거나 석회 자국이 생기는 속도가 느리다면 용액의 농도는 더 낮아도 된다.

커피 머신에 구연산 용액을 채우고 전원을 켠다. 추출기일 경우, 추출을 한 차례 실행하면 된다. 에스프레소 머신이라면, 머신이 뜨거워진 후 용액으로 플러싱을 한 차례 한다. 용액이 모두 흘러내렸으면(1리터면 충분), 깨끗한 물로 적어도 한 차례 플러싱을 한다. 플러싱이 끝날 무렵에 나오는 물의 맛을 본다. 신맛이 조금이라도 느껴지면 플러싱을 더 한다. (이 때문에 섭취해도 안전한 석회 자국 제거제를 사용하는 것이 유용하다.)

오랫동안 석회 자국을 제거하지 않았다면, 커다란 석회 조각이 좁은 물 순환로를 막았을 위험이 있다. 나중에는 녹겠지만, 문제가 생기면 전문가를 불러야 할 수도 있다. 막힌 부분을 분리해 석회 조각을 빼낸 뒤 모두 손으로 세척한 후 다시 조립해야 하기 때문이다. (직접 분리할 수 있다면 직접 해도 된다. 그러나 에스프레소 머신을 열었다가 사후품질보증을 받지 못하게 될 수 있으므로 부디 신중해야 한다. 자신이 무슨 일을 하고 있는지 모를 경우, 전기제품을 만지작거리는 것은 아주 위험하다.)

물의 경도가 그렇게 세지 않아도 일 년에 한 번씩 석회 자국을 제거해 주고, 경도가 센 물이면 더 자주 제거해 주면 좋다.

Index 색인

감사의 글

이 책이 나오기까지 도움을 주며 모든 일을 다해 준 마이클과 멜린다에게 진심으로 감사드립니다.
두 사람의 도움이 없었다면 이 책은 세상에 나오지 못했을 겁니다.

단어들을 다듬어 주고 이렇게 아름다운 책을 만들기 위해 열심히 일해 준 옥토퍼스 출판사의
전 직원에게도 고마운 마음을 전합니다.

또한 영감을 주고, 의욕적으로 대화를 나누며 맛있는 커피까지 대접해 준
스퀘어 마일 커피 로스터의 팀에게도 감사를 표합니다.

마지막으로 우리 가족들, 감사합니다.

저자 | 제임스 호프먼

제임스 호프먼은 커피 전문가이자 작가이며 2007년 세계 바리스타 챔피언이다.
영국 이스트 런던에서 전문가로 구성된 팀과 함께 커피 로스팅 업체인
스퀘어 마일 커피 로스터스(Square Mile Coffee Roasters)를 운영하며 수차례 상을 탔다.
생산자와의 직거래를 통해 원두 및 커피 일체를 수입하고 자체 로스팅한다.
커피 사업과 관련된 주제로 인기가 높은 강사이기도 한 그는 여러 곳으로 강연도 다닌다.

역자 | 조진경

건국대학교를 졸업한 후 다양한 분야의 책들을 우리말로 옮겨 왔다. 현재 번역 에이전시 엔터스코리아에서 번역가로 활동하고 있다. 옮긴 책으로는『몰리 메이크스 러블리 핸드메이드 무크』,『나는 매일 죽은 자의 이름을 묻는다』,『물고기의 모든 것』,『손으로 만드는 즐거움』,『우드랜드 니트』,『대니 서의 업사이클링』,『보태니컬 플라워 페인팅』,『신화 동물 그리기』,『유럽의 로맨틱 명소 101』,『생각의 지도 위에서 길을 찾다』,『판도라의 상자』,『세계의 명품 골프장』 등 다수가 있으며 핸드메이드 월간지『몰리 메이크스』를 번역했다.